JN234857

機械系 教科書シリーズ 1

機械工学概論

工学博士 木本 恭司 編著

コロナ社

機械系 教科書シリーズ編集委員会

編集委員長 木本　恭司（大阪府立工業高等専門学校・工学博士）
幹　　事 平井　三友（大阪府立工業高等専門学校・博士（工学））
編集委員 青木　　繁（東京都立工業高等専門学校・工学博士）
（五十音順）阪部　俊也（奈良工業高等専門学校・工学博士）
　　　　　　丸茂　榮佑（明石工業高等専門学校・工学博士）

（所属は編集当時のものによる）

刊行のことば

　大学・高専の機械系のカリキュラムは，時代の変化に伴い以前とはずいぶん変わってきました。

　一番大きな理由は，機械工学がその裾野を他分野に広げていく中で境界領域に属する学問分野が急速に進展してきたという事情にあります。例えば，電子技術，情報技術，各種センサ類を組み込んだ自動工作機械，ロボットなど，この間のめざましい発展が現在の機械工学の基盤の一つになっています。また，エネルギー・資源の開発とともに，省エネルギーの徹底化が緊急の課題となっています。最近では新たに地球環境保全の問題が大きくクローズアップされ，機械工学もこれを従来にも増して精神的支柱にしなければならない時代になってきました。

　このように学ぶべき内容が増えているにもかかわらず，他方では「ゆとりある教育」が叫ばれ，高専のみならず大学においても卒業までに修得すべき単位数が減ってきているのが現状です。

　私は1968年に高専に赴任し，現在まで三十数年間教育現場に携わってまいりました。当初に比べて最近では機械工学を専攻しようとする学生の目的意識と力がじつにさまざまであることを痛感しております。こうした事情は，大学をはじめとする高等教育機関においても共通するのではないかと思います。

　修得すべき内容が増える一方で単位数の削減と多様化する学生に対応できるように，「機械系教科書シリーズ」を以下の編集方針のもとで発刊することに致しました。

1. 機械工学の現分野を広く網羅し，シリーズの書目を現行のカリキュラムに則った構成にする。
2. 各書目においては基礎的な事項を精選し，図・表などを多用し，わかり

やすい教科書作りを心がける。
3. 執筆者は現場の先生方を中心とし，演習問題には詳しい解答を付け自習も可能なように配慮する。

現場の先生方を中心とした手作りの教科書として，本シリーズを高専はもとより，大学，短大，専門学校などで機械工学を志す方々に広くご活用いただけることを願っています。

最後になりましたが，本シリーズの企画段階からご協力いただいた，平井三友 幹事，阪部俊也，丸茂榮佑，青木繁の各委員および執筆を快く引き受けていただいた各執筆者の方々に心から感謝の意を表します。

2000年1月

編集委員長　木本　恭司

まえがき

　本書は機械工学を初めて学ぶ学生に対して編集されたもので，できるだけ平易な書き方で，理解しやすいように心がけた。

　機械工学の体系を理解するために，本書では，まず導入として機械と人間とのかかわりについて概観し，使用される単位系についても述べた。そして，機械工学の基本となる物理的な背景を学ぶ必要があるので，機械工学の柱となる力学類（工業力学，材料力学，水力学，熱力学）を前半に持ってくるようにした。これらには演習問題もつけているので，読者はまず各力学の体系，およびその思考方法について慣れていただきたい。

　その後，実際の機械類とのかかわりと近年の自動化機械への動向も踏まえて，機械材料，機械設計法，機械工作法，計測・制御，メカトロニクスの諸分野について必要な事項を最小限にまとめてある。そこでは，実際の物・機械などとの関連づけを重視するとともに，自動工作機械・ロボットなどに代表される最近の機械工学にも，できるだけ興味を持ってもらえるように工夫したつもりである。

　機械工学概論（要論）に関する書籍は従来から数多い。これだけの広い分野を一人の力でまとめるには無理があるので，本書においては，9人の著者による共著とした。共著の弱点は著述に統一性を欠くことであるが，一方ではそれぞれが専門分野の著作であるので，最低限必要な事柄が各章ごとに責任を持ってまとめられるという有利な点もある。

　各章の執筆担当は以下のとおりである。

　　1章　　木本　恭司　　（大阪府立工業高等専門学校）
　　2章　　青木　　繁　　（東京都立工業高等専門学校）
　　3,8章　平井　三友　　（大阪府立工業高等専門学校）

4章	藤原　德一	（大阪府立工業高等専門学校）
5章	丸茂　榮佑	（明石工業高等専門学校）
6章	久保井德洋	（和歌山工業高等専門学校）
7章	三田　純義	（小山工業高等専門学校）
9章	阪部　俊也	（奈良工業高等専門学校）
10章	成沢　哲也	（東京都立工業高等専門学校）

（所属は編集当時のもの）

　特に注意を払ったのは，最近のカリキュラムの動向から，物理のみならず，数学においても，機械工学を理解するために必要な知識が十分に準備されていないことで，そのために数学的な記述は可能なかぎり最小限にとどめるように心がけた。

　とはいえ，章によってはまったく数学的記述なしに内容を述べることは不可能であるので，付録で最小限必要な数学（微分，積分，対数の概念）の考え方のみをまとめてある。読者は必要に応じて参考にしていただきたい。

　以上のような特徴から，本書は将来機械工学を専門的に学ぶ機械系学生にも，あるいは機械工学を専門とせずに，その体系の要点を知ろうとする他学科の学生にも，いずれにも対応できるようになっている。

　本書を通じて機械工学への興味を抱いていただければ，著者一同これに勝る喜びはない。最後に本書の出版にあたって，ご協力いただいたコロナ社に厚くお礼申し上げる。

2002年7月

著　者

目　　　次

1.　　機 械 と 人 間

1.1　　機械の始まり ……………………………………………………*1*
1.2　　動力源の発達 ……………………………………………………*4*
1.3　　エネルギーと環境保全にかかわる諸問題 ……………………*8*
1.4　　本書で使用される単位（SI）について ………………………*13*

2.　　工 　業 　力 　学

2.1　　力 の 釣 合 い …………………………………………………*17*
　2.1.1　　力 の 表 し 方 …………………………………………*17*
　2.1.2　　力 　の 　合 　成 …………………………………………*18*
　2.1.3　　力 　の 　分 　解 …………………………………………*19*
　2.1.4　　力のモーメント …………………………………………*20*
2.2　　点 　の 　運 　動 …………………………………………………*21*
2.3　　質 点 の 運 動 …………………………………………………*23*
　2.3.1　　ニュートンの力学の法則 ………………………………*23*
　2.3.2　　運 　　動 　　量 …………………………………………*24*
　2.3.3　　回 　転 　運 　動 …………………………………………*25*
　2.3.4　　遠 　心 　　力 …………………………………………*26*
2.4　　剛 体 の 運 動 …………………………………………………*26*
　2.4.1　　剛体の直線運動 …………………………………………*27*
　2.4.2　　剛体の回転運動 …………………………………………*27*
　2.4.3　　剛体に作用する力 ………………………………………*29*
2.5　　振 　動 　問 　題 …………………………………………………*31*

2.5.1　振動波形 …………………………………………………31
　　2.5.2　固有振動数 ………………………………………………31
　演習問題 …………………………………………………………………32

3. 材料力学

3.1　荷　　　重 ……………………………………………………………34
3.2　応　　　力 ……………………………………………………………35
　3.2.1　引張応力と圧縮応力 ……………………………………35
　3.2.2　せん断応力 ………………………………………………36
3.3　ひ　ず　み ……………………………………………………………37
　3.3.1　引張ひずみと圧縮ひずみ …………………………………37
　3.3.2　せん断ひずみ ………………………………………………39
3.4　応力とひずみの関係 …………………………………………………39
3.5　熱　応　力 ……………………………………………………………41
3.6　曲　　　げ ……………………………………………………………42
　3.6.1　せん断力と曲げモーメント ………………………………42
　3.6.2　曲げ応力 ……………………………………………………44
3.7　ね　じ　り ……………………………………………………………45
3.8　応　力　集　中 ………………………………………………………46
3.9　疲　　　労 ……………………………………………………………47
3.10　クリープ ………………………………………………………………47
3.11　座　　　屈 ……………………………………………………………48
　演習問題 …………………………………………………………………49

4. 水力学

4.1　水力学とは ……………………………………………………………50
　4.1.1　流体と水力学 ………………………………………………50
　4.1.2　静水力学と動水力学 ………………………………………50
4.2　流体の性質 ……………………………………………………………51

  4.2.1 流体と固体 ·· 51
  4.2.2 流体の密度およびその他の物理的性質 ································ 52
 4.3 静 水 力 学 ··· 53
  4.3.1 静水の圧力と深さの関係 ·· 53
  4.3.2 大気圧と計測された圧力 ·· 55
  4.3.3 浮力とアルキメデスの原理 ··· 56
 4.4 動 水 力 学 ··· 58
  4.4.1 流れの表し方 ·· 58
  4.4.2 物理学の保存則と動水力学への応用 ································ 59
  4.4.3 エネルギー損失のある流れ ··· 63
 4.5 流 体 抵 抗 ··· 67
  4.5.1 物体の抗力と抗力係数 ·· 67
  4.5.2 2次元物体まわりの流れと抗力 ·· 69
演習問題 ·· 72

5. 熱 力 学

 5.1 温 度 と 熱 ··· 73
  5.1.1 温   度 ·· 73
  5.1.2 熱量の定義 ·· 74
  5.1.3 比熱と熱容量 ·· 74
  5.1.4 顕熱と潜熱 ·· 75
 5.2 圧 力 と 仕 事 ·· 75
  5.2.1 圧   力 ·· 76
  5.2.2 仕   事 ·· 77
 5.3 熱力学第一法則 ·· 80
  5.3.1 熱力学第一法則 ··· 80
  5.3.2 エネルギー保存則 ·· 80
  5.3.3 閉じた系のエネルギー式 ·· 82
  5.3.4 開いた系のエネルギー式とエンタルピー ························· 82
 5.4 熱力学第二法則とエントロピー ··· 84

5.4.1	熱力学第二法則	84
5.4.2	可逆変化と不可逆変化	84
5.4.3	エントロピー	84
5.4.4	T-S 線図	86

5.5 完全ガスと蒸気 ……87

5.5.1	完全ガスの状態式	87
5.5.2	完全ガスの比熱	88
5.5.3	完全ガスの熱力学第一法則の式	88
5.5.4	完全ガスの状態変化	89
5.5.5	完全ガスのエントロピー変化	90
5.5.6	等圧のもとでの水の蒸気と乾き度	91
5.5.7	蒸気の状態量	92
5.5.8	蒸気に加えられる熱量	92

5.6 サイクルと熱機関 ……93

5.6.1	カルノーサイクル	93
5.6.2	オットーサイクル	94
5.6.3	ランキンサイクル	95

演習問題 ……97

6. 機械材料

6.1 機械材料の分類 ……99
6.2 鉄鋼材料 ……100

6.2.1	構造用鋼	100
6.2.2	工具用鋼	103
6.2.3	耐食用鋼	103
6.2.4	耐熱用鋼	104
6.2.5	鋳鉄品と鋳鋼品	105

6.3 非鉄金属材料 ……107

6.3.1	展伸材	107
6.3.2	鋳物用合金	109

- 6.4 高分子材料 ··· *111*
  - 6.4.1 プラスチック ··· *111*
  - 6.4.2 エラストマー ·· *112*
  - 6.4.3 接 着 剤 ·· *113*
- 6.5 セラミックス材料 ··· *114*
  - 6.5.1 シ リ カ ·· *114*
  - 6.5.2 アルミナ ·· *115*
  - 6.5.3 ジルコニア ·· *116*
  - 6.5.4 炭化けい素 ·· *116*
  - 6.5.5 窒化けい素 ·· *116*
- 6.6 複 合 材 料 ·· *117*
  - 6.6.1 プラスチック基複合材料 ··· *117*
  - 6.6.2 金属基複合材料 ·· *117*
  - 6.6.3 セラミックス系複合材料 ··· *119*

7. 機械要素・機械設計

- 7.1 機械を構成する要素 ··· *120*
- 7.2 機械要素とメカニズム ··· *122*
  - 7.2.1 機械を動かすパワー源 ·· *122*
  - 7.2.2 力・トルク・回転数・動力を伝える軸と要素 ······················· *124*
  - 7.2.3 要素やユニットを固定する要素 ······································· *127*
  - 7.2.4 動きを返還する要素・機構 ··· *131*
  - 7.2.5 エネルギーを吸収するもの ··· *137*
  - 7.2.6 機械部品を支える構造体 ··· *137*
- 7.3 機械設計の方法 ··· *138*
  - 7.3.1 機械ができるプロセス ·· *138*
  - 7.3.2 機械設計で大切なこと ·· *141*

8. 機 械 工 作 法

- 8.1 工作法の分類 ·· *144*

8.2	鋳　　　造	144
8.3	鍛　　　造	147
8.4	圧　　　延	147
8.5	プレス加工	148
8.6	溶　　　接	150
8.7	熱　処　理	153
8.8	切　削　加　工	155
8.9	研　削　加　工	158
8.10	精密加工および特殊加工	160
8.11	プラスチック成形加工	161
演習問題		165

9. 計測・制御

9.1	計測と制御のかかわり	166
9.2	制御で要求される計測	169
9.3	制御で必要な基礎事項	170
	9.3.1　ブロック線図	170
	9.3.2　要素の特性	171
	9.3.3　伝達関数	172
	9.3.4　制御系の応答	174
	9.3.5　周波数応答	175
9.4	制御の安定性	176
9.5	ガソリンエンジンの制御	178
演習問題		180

10. メカトロニクス

10.1	機械と電気のかかわり	181
	10.1.1　電子制御される機械	181

	10.1.2	アクチュエータ ……………………………………………182
10.2		機械の自働化 …………………………………………184
	10.2.1	ハードウェアとソフトウェア …………………………184
	10.2.2	シーケンス制御とフィードバック制御 ………………186
10.3		セ ン サ ………………………………………………188
	10.3.1	センサの種類 ……………………………………188
	10.3.2	センサ技術の応用 …………………………………190
10.4		インタフェース ………………………………………191
	10.4.1	アナログとディジタルの変換 ………………………191
	10.4.2	インタフェース技術の応用 …………………………192
10.5		ロ ボ ッ ト ……………………………………………194
	10.5.1	ロボットの分類 …………………………………194
	10.5.2	ロボットの機構と制御 ……………………………194
10.6		設計と生産の自動化 …………………………………197
	10.6.1	設計の自動化 ……………………………………197
	10.6.2	生産の自動化 ……………………………………199

演習問題 ……………………………………………………………200

付　　　　　録 ……………………………………………………201

参　考　文　献 ……………………………………………………205

演 習 問 題 解 答 …………………………………………………208

索　　　　　引 ……………………………………………………215

1

機 械 と 人 間

　1頭の馬がする仕事は人間10人分の仕事量に相当し，水車や風車は馬10頭分の仕事を行った．18世紀にイギリスで始まった産業革命はこれら家畜の動力，水車，風車などをはるかに超えて動力源の革命を引き起こした．機械が人間の生活の隅々にまで入ってくる機械文明の本格的な始まりである．

　他方，地球温暖化の元凶とされる二酸化炭素（炭酸ガス，CO_2）の大気中の濃度もそのときから増加を始め，現在の環境問題にそのままつながっている．機械文明の光と陰ともいえる．機械工学を学ぶにあたり，まず機械と人間とのかかわりから始めたい．

1.1 機械の始まり

　人間がほかの動物と異なるのは，火を使うことと，**道具**（tool）を作りそれを活用できることであるといわれている．旧石器時代の太古の昔から人間は脳と手と目により多数の道具，例えば，斧（おの），鋸（のこぎり），小刀，石のへら，木槌（きづち），きり，針などを生活に利用し，槍（やり），もりなどを使って狩猟（しゅりょう）を行い，食を得てきた．この旧石器時代は約50万年続いた．

　図**1.1**に**エネルギー**（energy）資源の歴史とエネルギー消費量を示す．エネルギーを蓄えることのできる最初の**機械**（machine）は旧石器時代の弓とやり投げ器であった．本格的に機械が利用され出したのは，メソポタミアで農耕が始まった約7000年前（紀元前5000年ごろ）の新石器時代である．

　身につけていたのは，旧石器時代のような動物の毛皮ではなくきちんとした衣服であったが，衣服を作るためには，糸を紡（つむ）ぐ機械（紡績機）と糸を織る機

1. 機械と人間

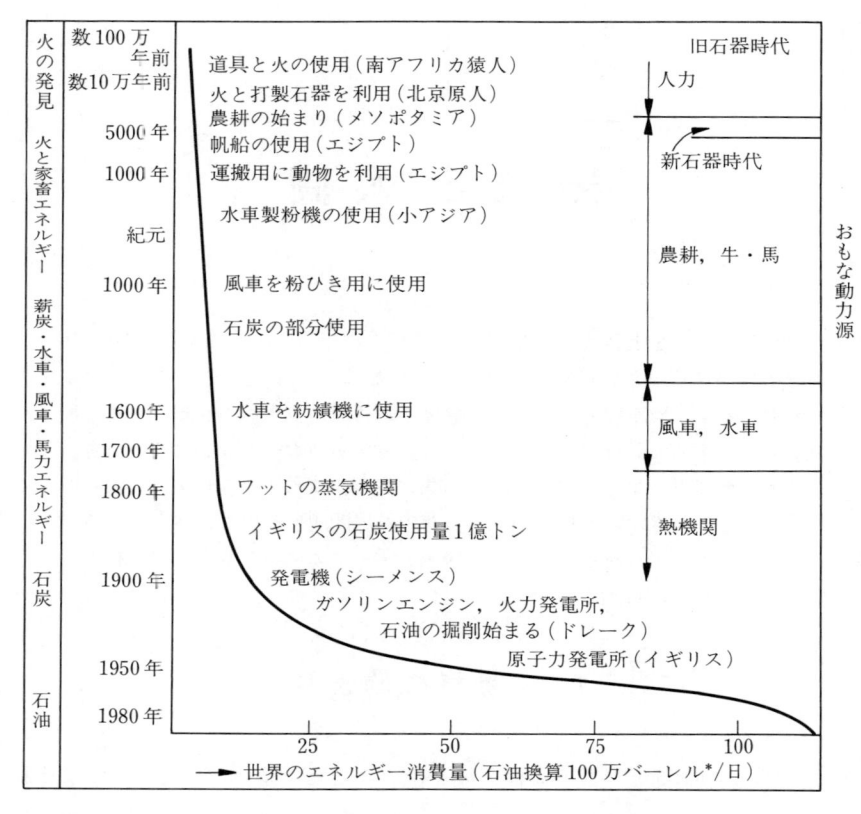

図 1.1 のグラフ内の記述（左から右、上から下の順）:

- 火の発見／火と家畜エネルギー／薪炭・水車・風車・馬力エネルギー／石炭／石油
- 数100万年前：道具と火の使用（南アフリカ猿人）
- 数10万年前：火と打製石器を利用（北京原人）
- 5000年：農耕の始まり（メソポタミア）
- 帆船の使用（エジプト）
- 1000年：運搬用に動物を利用（エジプト）
- 紀元：水車製粉機の使用（小アジア）
- 1000年：風車を粉ひき用に使用
- 石炭の部分使用
- 1600年：水車を紡績機に使用
- 1700年
- 1800年：ワットの蒸気機関
- イギリスの石炭使用量1億トン
- 1900年：発電機（シーメンス）
- ガソリンエンジン，火力発電所，石油の掘削始まる（ドレーク）
- 1950年：原子力発電所（イギリス）
- 1980年
- 横軸：世界のエネルギー消費量（石油換算 100 万バーレル*／日）　25, 50, 75, 100
- 右側：旧石器時代（人力）／新石器時代（農耕，牛・馬）／風車，水車／熱機関　＝ おもな動力源

* バーレル（barrel，たる）は約 159 l に相当

図 1.1 エネルギー資源の歴史とエネルギー消費量[1]†

械（はた）が必要であった。また，石のへらに代わって金属を利用する技術は，紀元前 4000 年ごろに，銅を炉で溶かして**鋳型**（mold）に流し込む**鋳造法**（casting）が開発されたのが始まりである。

紀元後 75 年ごろ，後期アレクサンドリア時代（エジプト）の著述家**ヘロン**（Heron，ギリシャ）は，当時利用されていた機械装置に関する論文を残している。彼は落下する錘（おもり）によって動く人形芝居や，祭壇の上で燃えて

† 肩付番号は巻末の参考文献番号を表す。

いる火によって寺院の門が開くしかけなど多数の考案物を記しているが，実用を目的にしたものではなく，単なる見せ物であった．

その一つの蒸気球（原始的な反動蒸気タービン）を図 *1.2* に示す．図では水を入れたかま（ボイラ）の下で火をたいて蒸気を発生し，連結管を通って入ってきた蒸気がたがいに反対方向に噴出することにより蒸気球を回転させる．これは最初の**熱機関**（heat engine）（熱を力学的なエネルギー，この場合は回転力に変える装置）といえるものであるが，当時は原理も理解されず，単なる見せ物にすぎなかった．**ニュートン**（Newton，イギリス）により，**力学**（dynamics）の基礎が確立され，動作原理が明らかになるのは 18 世紀の初めであるが，図 *1.3* に示す実用のタービン（ド・ラバルタービン）が現れるのはさらに遅れて 1883 年である．

図 *1.2* ヘロンの蒸気球
（AD 75 年ごろ）

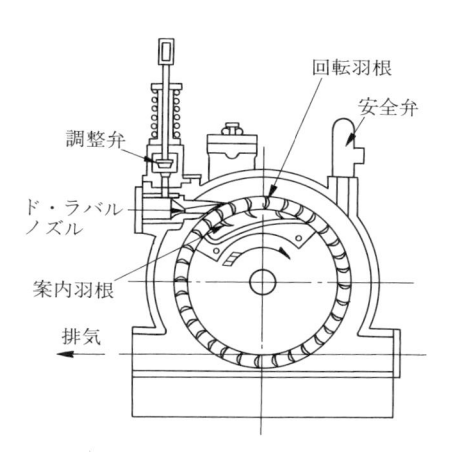

図 *1.3* ド・ラバルタービン（蒸気原動機実験装置取扱説明書，p.42，大全産業株式会社（1993）より引用）

熱機関が本格的に利用され，1 台で大きな動力が得られるようになったのは，18 世紀にイギリスで始まった**産業革命**（industrial revolution）の時期である．

4 　1. 機 械 と 人 間

1.2 動力源の発達

　産業革命が始まる前の動力は，おもに，水車，風車，それと馬の力であった．自然に存在するエネルギー源を，機械を動かし得る**動力**（power）に転化できる装置を**原動機**（hydraulic prime mover）と呼んでいるが，従来からその単位として使用されてきた1**馬力**（horse power）は，馬1頭分の出力に相当している．

　図**1.4**に炭坑の排水用に考案された馬4頭からなるポンプを示す．馬4頭

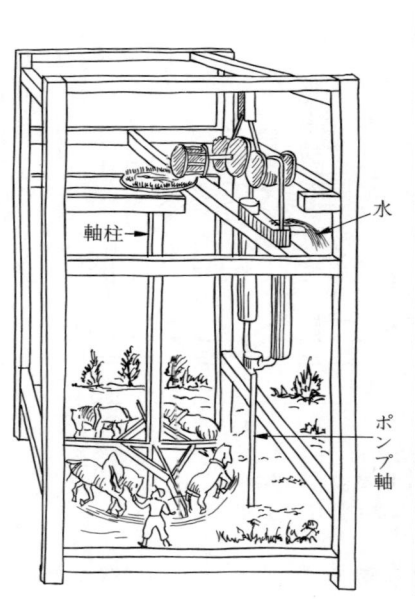

図**1.4**　炭鉱排水用の4馬力ポンプ（ジョン・F・サンフォード著，宮島龍興，高野文彦訳：熱機関—蒸気機関からロケットまで—，p.26, 河出書房新社（1969）より引用）

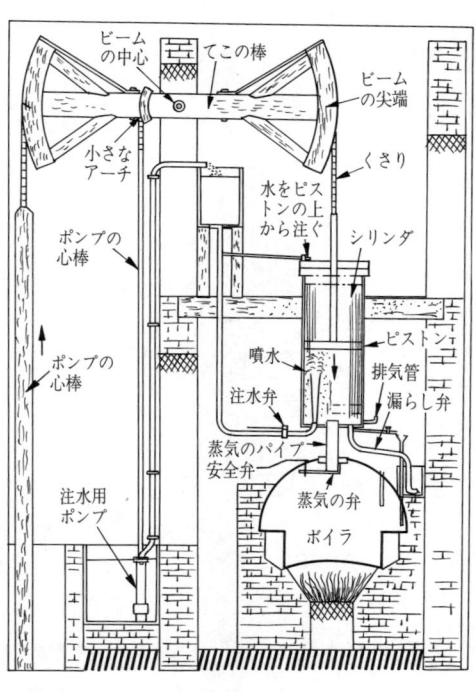

図**1.5**　ニューコメン機関（図**1.4**と同文献 p.35 より引用）

で左側の軸柱を回転し，歯車でつながった右側のポンプ軸を駆動して排水する．生活のために大量の水が必要であったし，炭坑で坑を掘るときにできる排水の処理にも，大きな動力の揚水ポンプを必要とした．

ニューコメン（Newcomen，イギリス）は1712年に初めて揚水ポンプ用の熱機関を商業的な原動機として売り出すことに成功した．

図1.5に彼が製作した機関を示す．この機関は**ボイラ**（boiler）と**ピストン**（piston），**シリンダ**（cylinder）およびピストンに鎖でつながれたビーム（beam）と，ビームの中心（支点）をはさんでその左先端に取りつけられた**ポンプ**（pump）の心棒からなっている．

一連の動作は，まずピストンが上昇過程にあるときには，ボイラ上部の蒸気弁が開いて蒸気がシリンダ内に流入し，左側のポンプの心棒はその重みで下がる．つぎに弁を閉じた後，注水弁より直接冷水をシリンダ内に散布して蒸気を凝縮する．そのとき，シリンダ内部は負圧（真空）になるから，ピストンは外部の大気圧により下降し，ポンプの心棒は中心を支点として，てこの原理で引き上げられる．一方，シリンダ内に凝縮した水は排気管より排出される．なお，シリンダ上部は，水をふり注いで空気が入らないように水封パッキンにしてある．

このように，蒸気は真空を作り出すためだけにあり，**仕事**[†]（work）をするのは大気圧で押されるピストンであるから，大気圧機関とも呼ばれる．

ワット（Watt，イギリス）はグラスゴー大学に出入りする機械製造業者であったが，28歳（1764年）のある日，ニューコメン機関の模型を修理するように依頼された．ワットはこのときニューコメン機関では，シリンダを冷やし，真空を作るのにわずか1/3の蒸気しか本来の目的に使われておらず，残りの蒸気はピストン，シリンダ壁の再加熱，凝縮水やシリンダ上部の水封パッキンのための水の再加熱などに使われていることに気づいた．

この問題を解決するには，ピストンが下降する間の凝縮を別の容器にすれば

[†] 力とその作用下で動いた距離との積

シリンダなどは冷却されることがなく，蒸気は有効に利用されるはずである。現代風にいえば凝縮器をシリンダ外部に設ければよい。

図**1.6**にその原理図を示す。ニューコメン機関と同じ大気圧機関であるが，シリンダはジャケットに包まれて加熱され続ける点が異なっている。これだけでもシリンダが冷却されることによる蒸気の無駄がなくなるが，ワットはさらに，蒸気をシリンダの上部から入れて蒸気の圧力でピストンを押し下げる仕事をするように改良している。この機関の特徴はニューコメン機関のように大気圧を駆動力とするのではなく，蒸気圧そのものを駆動力としている点で，このために熱効率（＝有効な仕事に変えられた熱量／熱機関に与えられた熱量）は，ニューコメンのものに比べてはるかに向上した。

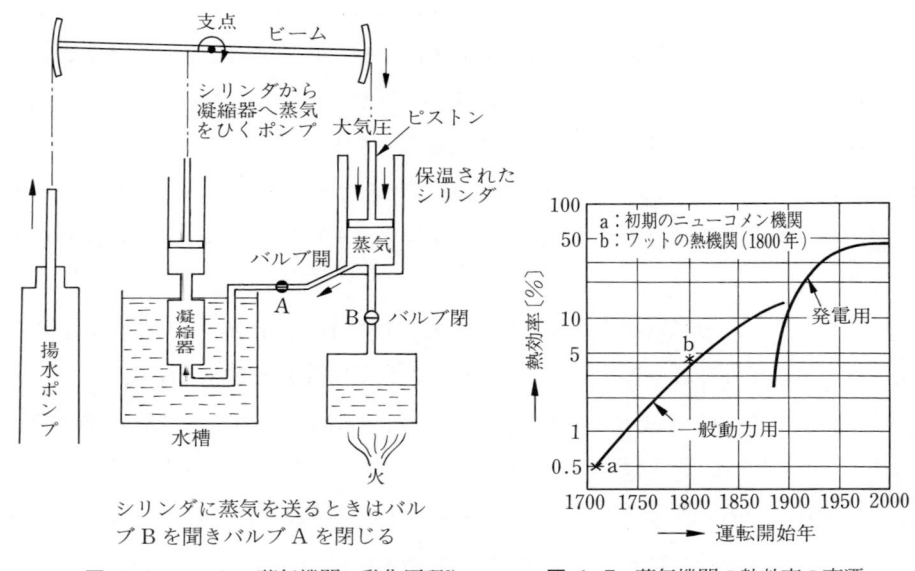

図**1.6**　ワットの蒸気機関の動作原理[2]　　図**1.7**　蒸気機関の熱効率の変遷

図**1.7**に蒸気機関の熱効率の変遷を示す。熱効率の増加率はワットの工夫により，0.5％から4％まで8倍にもなっている。またこのグラフより，発電用では近年40％強でほぼ飽和状態になっていることがわかる。なお，ワットが復水器を分離した結果，シリンダ内の蒸気圧を独立に制御できることになり，

それ以後ボイラの蒸気圧は上昇し，熱効率が飛躍的に上昇することになった。

図 **1.8** は 1788 年当時のワットの**蒸気機関**（steam engine）の実物写真である。はずみ車と遊星歯車機構が右側に，機関は左側にあり，回転数を一定に保つための調速装置も取りつけられている。また，ボイラは左側の別室にあり，蒸気が導管で機関に送られている。

さらにワットは，機構学でいう近似的に直線運動をする機構も工夫している。図 **1.9** にそれを示す。支点 D を中心とするビームの揺動はわずかな角度

図 **1.8** ワットの蒸気機関（1788 年）（Peter-Winkler Verlag：Watt'sche Dampfmaschine, Deutsches Museum, Munich. (1980)より引用）

コーヒーブレイク

ワットをはじめとする蒸気動力の技術開発は，後生になってカルノーが理想的な熱機関サイクル（カルノーサイクル）を考察するきっかけとなっている。熱力学が学問として確立されてくるのは 19 世紀になってからである。学問が先にあって技術が開発されるのではなく，実際にはその逆で，開発された技術を科学的に説明する手段として学問的に体系化されることに注意してほしい。

8　　1.　機 械 と 人 間

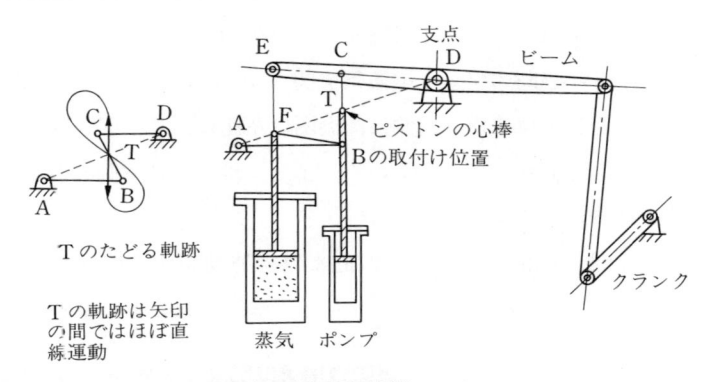

図 1.9　ワットの近似直線運動機構（図 **1.4** と同文献 p.53 より引用）

であるから，その間，図中の交点 T は近似的に垂直に直線運動するとみなせる。ワットは蒸気圧力の時間的変化を記録する指圧器，ポペット弁の開発，シリンダ，ピストンなどの精密な加工も行ったということであるから，現在の機械工学でいう機械工作，機械力学，機構学，計測・自動制御，蒸気機関などの技術開発を一人で担ったことになり，「蒸気工学の父」のみならず，「機械工学の父」といえる存在である。

19 世紀に入ると，機関車，船をはじめ，輸送機関の動力としても蒸気機関が使われ，鉄の利用をはじめとする鋼工業とともに，機械文明の発達とそれを担う産業の原動力として飛躍的に発展していった。

1.3　エネルギーと環境保全にかかわる諸問題

先の図 **1.1** を見ると，産業革命以降わずか 200 年の間にそれまでとは異なったけた違いのエネルギー消費量の増加が見られる。このおもな理由は，先進国では主として経済活動の拡大によるもので，開発途上国では経済活動の拡大と同時に人口の急激な増加に起因している。

日本のエネルギー供給量（消費量）の推移とその長期見通しを図 **1.10** に示す。日本の場合は，1973 年と 1979 年の 2 度にわたる石油危機でエネルギー

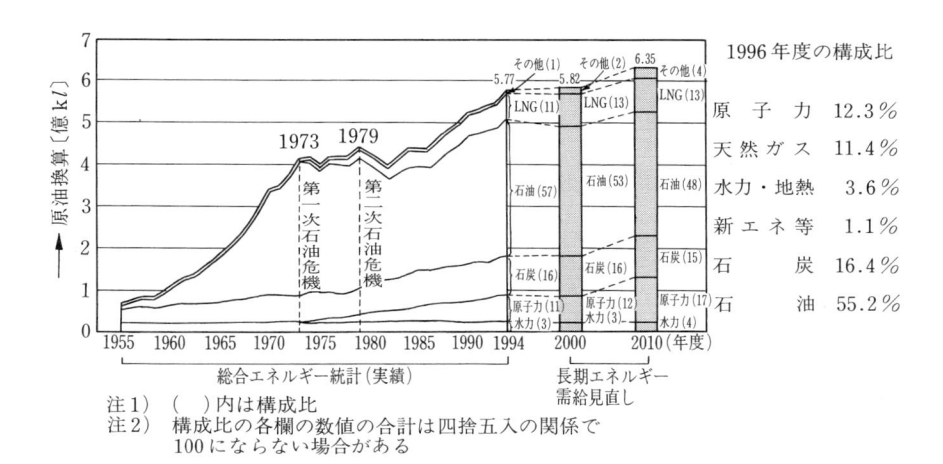

図 1.10 日本のエネルギー供給量（消費量）の推移と長期見通し[3]

消費量はいったん停滞したが，その後また高い伸び率を示している。1996年度の供給量の構成比（一次エネルギー供給総量を100としたときの各エネルギー源の構成比率）を図の右に示すが，石油と石炭あわせて実に72%に昇っており，新エネルギーなどはわずか1.1%にすぎない。戦略としては省エネルギーをさらに進めて，需要の全体の伸びを抑えるとともに，原子力を伸ばし，新エネルギーなどを開発，導入することにより，2010年までに石油の依存度（構成比）を50%程度まで低減させるのがねらいである。

一方，近年のこのエネルギー多消費に伴って生ずる地球環境への影響と，**地球環境保全**（preservation of global environment）に対する関心が急速に高まりつつある。**図 1.11** に**エネルギー消費**（energy consumption）と**地球環境問題**（global environmental subjects）の関連図を示す。

環境汚染物質（environmental contaminant）は，その発生原理や物理特性から，以下の三つに分類される。

（a）物質そのものが汚染物質であるもの（硫黄酸化物，窒素酸化物，核汚染物質，環境ホルモン，ダイオキシン，不法投棄など）。

（b）非汚染物質であるが，地球の許容範囲を超えたため，汚染物質として

1. 機械と人間

```
                    ┌─────────────┐
                    │ エネルギー消費 │
                    └──────┬──────┘
              ┌────────────┴────────────┐
         ┌────┴────┐              ┌─────┴─────┐
         │ 先進国  │              │ 開発途上国 │
         └────┬────┘              └─────┬─────┘
      ┌──────┴──────┐                   │
      │ 経済活動の拡大 │            ┌────┴─────┐
      └──┬──────┬───┘            │ 人口の急激な増加 │
         │      │                 └──┬─────────┬──┘
    ┌────┴─┐ ┌─┴──────────┐  ┌──────┴──┐  ┌──┴──────────┐
    │ 廃棄物 │ │ 地球規模の大気汚染,│ │ 開発途上国の │  │ 焼き畑移動耕作,│
    └───┬──┘ │ 化学物質,化石燃料の使用 │ │ 環境汚染問題 │  │ 過放牧・過耕作など │
        │    └─┬───┬────┬───┘ └────┬────┘  └──────┬──────┘
  ┌─────┴──┐   │   │    │     ┌────┴─────┐         │
  │ 環境ホルモン,│ ┌─┴─┐┌┴─────┐┌┴──────┐│土壌,川・海 │   ┌───┴──────┐
  │ ダイオキシン類│ │フロン││二酸化炭素││硫黄酸化物││  の汚染  │   │ 熱帯雨林の減少│
  └─────┬──┘ └─┬─┘└──┬───┘│窒素酸化物│└────┬─────┘   └───┬──────┘
        │      │     │    └───┬───┘      │              │
  ┌─────┴──┐ ┌─┴──┐┌─┴────┐ ┌┴─────┐    │         ┌────┴────┐
  │ 人体・動植物│ │オゾン層││地球の温暖化││ 酸性雨 │    │         │  砂漠化  │
  │ に直接作用 │ │の破壊 ││      ││      │    │         └─────────┘
  └────────┘ └────┘└──────┘ └──────┘    │
```

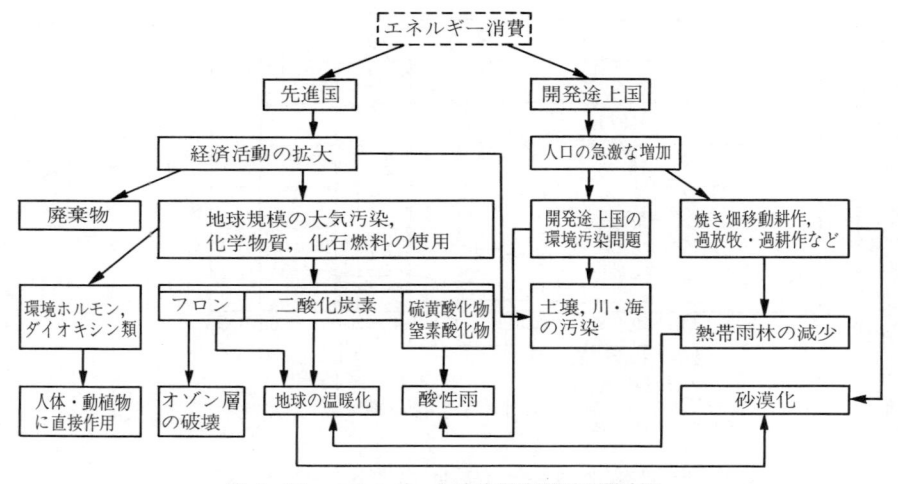

図 **1.11** エネルギーと地球環境問題の関連図

の効果が現れる場合（二酸化炭素，メタンなど）。

（c） 人工的に製造された化学物質が，管理ミスなどにより汚染物質となる場合（フロン，プラスチック製品，有機溶剤接着剤など）。

近年話題となっている汚染物質を概観しておくと，（a）の**ダイオキシン**（dioxin）類は多数の異性体があり，塩素を含んだ猛毒の物質類である。燃焼の化学反応から生成され，不完全燃焼があると発生しやすい。最近，ごみ焼却炉の近くから高濃度のダイオキシン類が検出されて問題となった。

また，**硫黄酸化物**（sulfur oxides），**窒素酸化物**（nitrogen oxides）も燃焼の化学反応から生成されるが，直接呼吸器などの疾患を引き起こすと同時に，上空で酸化して硫酸塩や硝酸塩となり，それが雨水に取り込まれて**酸性雨**（acid rain）となって地上に降り，森林を破壊する。水の酸性度は水素イオン濃度 **PH**（ペーハー）で示す。PH は 0 から 14 まであって，PH の値が高いほうがアルカリ性，低いほうが酸性で，PH＝7 がちょうど中性である。自然の雨でも CO_2 の溶解で弱酸性となり，PH＝5.6 程度を示す。したがって，PH＝5.6 以下を特に酸性雨と呼んでいる。

（b）の**二酸化炭素**（carbon dioxide，CO_2）はそれ自身では毒性はないが，

燃焼反応の最終物質で化学的に安定であるため，大気圏内ではほとんど分解せず植物に光合成で取り込まれたり，海洋中に溶解したりする。

図 1.12 は温室効果の概念図である。大気中には，窒素と酸素以外に微量ではあるが二酸化炭素，水蒸気なども含まれる。地上に届く太陽光線は種々の波長の光（放射熱線）から成り立つが，CO_2，H_2O などの物質は地表で反射される遠赤外線領域の波長の光に対して強い選択吸収性を持ち（酸素と窒素にはない），この熱線を蓄えるために結果として地表面を暖める。これを**温室効果**（greenhouse effect）と呼んでいる。この効果の度合いは各物質について**地球温暖化指数**（**GWP**：global warming potential）で示される。

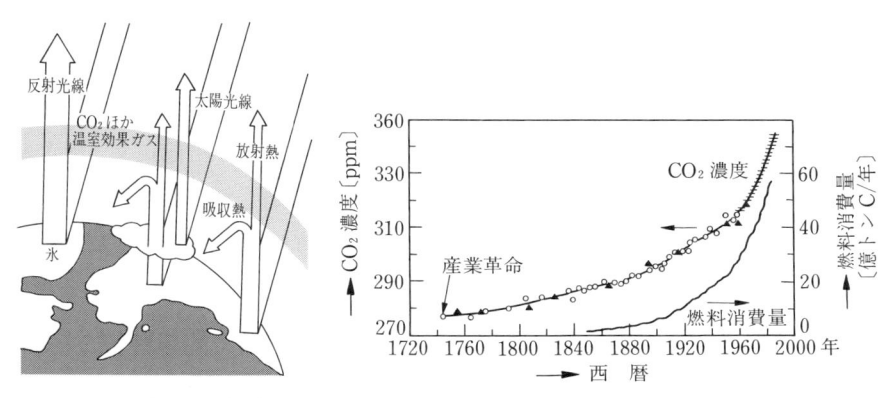

図 1.12 温室効果の概念図[4]　　**図 1.13** 化石燃料消費量と大気中の二酸化炭素濃度[5]

地球上の温度は，この放射による熱とそれに伴う種々の気象条件により定まり，平均的には約 15°C で熱の平衡がとれている。ところが，**図 1.13** に示すように，18 世紀の産業革命以降の化石燃料消費量の急上昇に伴って，大気中の二酸化炭素の濃度も増え続けている。すなわち，産業革命以前には 280 ppm（ppm は百万分の 1 を示す）であったものが，1988 年には 350 ppm となり，この間で約 25% の増加がみられる。そして，現在の伸びは過去 100 年に比べても著しく，毎年約 1.3 ppm の増加が観測されている。このような増加傾向が今後も続くと仮定したときの平均温度の上昇と，それに伴って生じる地球環境への影響が心配されている。例えば，海面の上昇，降水量の変化，生態系・

植生の変化などであるが，短期間でのこれらの急速な変化は生体，経済・社会活動，自然環境に対してマイナスに働くとして懸念されている。

最近のコンピュータシミュレーションによる予測では，現在の CO_2 濃度が倍の 600 ppm となったときの気温の上昇は，約 1.5～4.5°C の範囲である。予測値の幅が大きいのは，気象条件および海洋中への CO_2 吸収量の見積りなどに大きな不確定要素があるためである。

（c）の**フロン**（fluorocarbon）は，冷蔵庫，クーラなどの冷媒，噴射剤，発泡剤，洗浄剤として利用されてきたが，そのうちの CFC 特定フロン（フロン-11, 12, 113, 114, 115）は塩素を含む安定な物質で，そのうえ水に溶けにくい。そのため，地球の対流圏に放出されたフロンは長期間存在し，分解されないまま対流圏から成層圏にまで上昇する。

成層圏では，太陽からの紫外線を受けてフロン中の塩素が光分解して活性な塩素を解離し，これがオゾンと反応してオゾン層の破壊を引き起こすと考えられている。オゾン層が破壊されると，生物にとって有害な紫外線が直接地上に降り注ぎ，皮膚癌を引き起こしたり，葉緑素破壊や光合成抑制など，農作物への悪影響が発生する。オゾン層を破壊する能力は，オゾン全量を 1% 減少させる物質の質量をフロン 11 を 1 として，各物質の**オゾン破壊指数**，（ODP：ozone depletion potential）で表すことになっている。1985 年に南極上空で発見されたオゾンホールについての論文がネイチャ紙に掲載され，これが引金となって一気に論議が活発化した。

1987 年 9 月に採択されたモントリオール議定書において，オゾン層破壊の可能性の最も高い CFC 特定フロンがまず規制の対象となり，その後の審議で，CFC 特定フロンの生産は 1995 年末で原則全廃された。なお，フロンは地球温暖化の能力も高く（フロン 11 で CO_2 の約 4 000 倍），代替フロンの開発および自然冷媒の冷凍機への適用など，特定フロン類に代わる冷媒の開発が急ピッチで行われている。

1.4 本書で使用される単位 (SI) について

　従来，工学分野で使用されていた単位は**重力単位系** (gravitational system of units) であるが，現在では国際単位として **SI 単位系** (international system of units) が使用されている。したがって，本書では原則として SI 単位系を用い，必要に応じて従来単位系（重力単位系）を併記する。重力単位系と SI 単位系の最も大きな相違点は，前者では 1 kg の質量に作用する<u>重力の大きさの kgf</u> が基本単位であったのに対し，後者では<u>質量そのものの kg</u> が基本単位になっている点である。

　これは宇宙の世紀を迎え，**重力加速度** (acceleration of gravity) g の値 ($g = 9.80665 \, \text{m/s}^2 \fallingdotseq 9.81 \, \text{m/s}^2$) が宇宙空間では大きく変わるが，質量そのものは不変であることを念頭においたものである。

　SI の基本単位は七つで，それらを**表 1.1** に示す。基本単位以外の量はこれらの組立単位として表せる。例えば，加速度は 1 秒間当りの速度の変化であるから，$(\text{m/s})/\text{s} = \text{m/s}^2$ となる。

表 1.1　SI の基本単位

量		単位		
名称	文字記号	名称	英語名	単位記号
長さ	l	メートル	metre	m
質量	m	キログラム	kilogram	kg
時間	t	秒	second	s
電流	i	アンペア	ampere	A
温度	T	ケルビン	kelvin	K
物質の量	n	モル	mole	mol
光度	I	カンデラ	candela	cd

　SI における力の単位は**ニュートン** (newton) で，単位記号に N を用いる。1 N は 1 kg の質量に 1 m/s² の加速度を生じさせる力である。したがって

$$1 \, \text{N} = 1 \, \text{kg} \cdot \text{m/s}^2$$

従来単位（重力単位）では，質量 1 kg に作用する重力の大きさであるので

$$1\,\mathrm{kgf} = 9.81\,\mathrm{kg \cdot m/s^2} = 9.81\,\mathrm{N}$$

仕事の単位は**ジュール**（joule）で，単位記号にJを用いる。1Jは1Nの力のもとで1mの距離を動かすときの仕事量を表す。したがって

$$1\,\mathrm{J} = 1\,\mathrm{N \cdot m} = 1\,\mathrm{kg \cdot m^2/s^2}$$

SI単位ではこの仕事に相当する熱量にも等しい。

従来単位では

$$1\,\mathrm{kgf \cdot m} = 9.81\,\mathrm{N \cdot m} = 9.81\,\mathrm{J}$$

熱量として表すと，1 kcal ≒ 427 kgf·m であるから

$$1\,\mathrm{kcal} \fallingdotseq 4.187\,\mathrm{kJ}$$

動力の単位は**ワット**（watt）で，単位記号にWを用いる。1Wは1秒間に1Jの仕事をするときの仕事の割合を表す。したがって

$$1\,\mathrm{W} = 1\,\mathrm{J/s} = 1\,\mathrm{N \cdot m/s} = 1\,\mathrm{kg \cdot m^2/s^3}$$

従来の馬力の単位記号にはPSを用いる。1PSは馬1頭分の仕事に相当し

$$1\,\mathrm{PS} = 75\,\mathrm{kgf \cdot m/s} = 0.7355\,\mathrm{kW}$$

である。圧力の単位は単位面積 $1\,\mathrm{m^2}$ 当りに1Nの力がかかるときを1Pa（**パスカル**，pascal）で定義する。これはあまりに小さい単位であるので，$10^5\,\mathrm{Pa}$ を1bar（バール）として，以前に気象情報で使われていた。

圧力の重力単位（gravitational unit of pressure）は at で 1at は $1\,\mathrm{cm^2}$ 当りに1kgfの力がかかる場合で定義される。したがって1工学気圧は

$$1\,\mathrm{at}（工学気圧）= 1\,\mathrm{kgf/cm^2} = 9.81 \times 10^4\,\mathrm{kg/m \cdot s^2} = 98.1\,\mathrm{kPa}$$

なお，標準大気圧（0°C，水銀柱 760 mmHg）の圧力を atm で表す。水銀の密度は約 $13.6\,\mathrm{g/cm^3}$ で，重力加速度は $g \fallingdotseq 9.81\,\mathrm{kg \cdot m/s^2}$ であるから

$$1\,\mathrm{atm} = 1\,標準気圧 = 760\,\mathrm{mmHg} \fallingdotseq 1.013 \times 10^5\,\mathrm{Pa}$$
$$= 1\,013\,\mathrm{hPa}（ヘクトパスカル…気象情報）$$

このほか，材料力学で使う応力は単位面積にかかる力であるので，圧力と同じパスカルが使われる。水力学では実在流体の粘性が問題となるので，粘度を Pa·s（パスカル秒）で，動粘度は $\mathrm{m^2/s}$ で表す。従来単位は P（ポアズ）と St（ストークス）である。以上のおもな量のSI単位を**表 1.2**に示す。

1.4　本書で使用される単位（SI）について

表 1.2 おもな量の SI 単位

量	名　称	単位記号	定　　義
力	ニュートン (newton)	1 N	質量 1 kg のもとで加速度 $1\,\mathrm{m/s^2}$ を与える力 $1\,\mathrm{N}=1\,\mathrm{kg\cdot m/s^2}$ 重力単位 $1\,\mathrm{kgf}=9.81\,\mathrm{N}$
熱量 仕事 トルク	ジュール (joule)	1 J	1 N の力のもとで 1 m の距離を動かすときの仕事 SI ではこの仕事に相当する熱量に等しい $1\,\mathrm{J}=1\,\mathrm{N\cdot m}=1\,\mathrm{kg\cdot m^2/s^2}$ 重力単位 　仕事　$1\,\mathrm{kgf\cdot m}=9.81\,\mathrm{N\cdot m}=9.81\,\mathrm{J}$ 　熱量　$1\,\mathrm{kcal}=4.187\,\mathrm{kJ}$ 　　　　$1\,\mathrm{kcal}=427\,\mathrm{kgf\cdot m}$ 　比熱　$1\,\mathrm{kcal/(kg\cdot{}^\circ C)}=4.187\,\mathrm{kJ/(kg\cdot K)}$
動力 仕事率	ワット (watt)	1 W	1 秒間に 1 J の仕事をするときの仕事の割合 $1\,\mathrm{W}=1\,\mathrm{J/s}=1\,\mathrm{N\cdot m/s}=1\,\mathrm{kg\cdot m^2/s^3}$ 重力単位 　$1\,\mathrm{PS}=75\,\mathrm{kgf\cdot m/s}=0.7355\,\mathrm{kW}$ 　$1\,\mathrm{kW}=860\,\mathrm{kcal/h}=1.36\,\mathrm{PS}$ 　　　　　$=102\,\mathrm{kgf\cdot m/s}$ 　$1\,\mathrm{PS\cdot h}=0.7355\,\mathrm{kW\cdot h}=632.5\,\mathrm{kcal}$ 　　　　　$=2.648\,\mathrm{MJ}$ 　$1\,\mathrm{kW\cdot h}=860\,\mathrm{kcal}=1.36\,\mathrm{PS\cdot h}$ 　　　　　$=3.6\,\mathrm{MJ}$
圧力 応力	パスカル (pascal)	1 Pa	単位面積〔$\mathrm{m^2}$〕当りにかかる力 　$1\,\mathrm{Pa}=1\,\mathrm{N/m^2}=1\,\mathrm{kg/(m\cdot s^2)}$ 　$1\,\mathrm{bar}$（バール）$=10^5\,\mathrm{Pa}$ 重力単位 　$1\,\mathrm{at}=1\,\mathrm{kgf/cm^2}=98.1\,\mathrm{kPa}$……1 工学気圧 　at の後ろに a か g がついて絶対圧と計器圧を示す 　1 ata（絶対圧）＝1 atg（計器圧力）＋大気圧 　$1\,\mathrm{atm}=1\,$標準気圧$=760\,\mathrm{mmHg}$ 　　　　　$=1.013\,\mathrm{bar}=1\,013\,\mathrm{mbar}$ 　　　　　$=1.013\times10^5\,\mathrm{Pa}=1\,013\,\mathrm{hPa}$
粘度	パスカル秒	1 Pa·s	従来単位　1 P（ポアズ，$\mathrm{g/cm\cdot s}$） 　　　　　$=0.1\,\mathrm{Pa\cdot s}$
動粘度		$1\,\mathrm{m^2/s}$	従来単位　1 St（ストークス，$\mathrm{cm^2/s}$） 　　　　　$=10^{-4}\,\mathrm{m^2/s}$

また，回転数の単位としては，1 秒間当りの回転数を Hz（**ヘルツ**，hertz，$\mathrm{s^{-1}}$）で表す．実際には 1 分間当りの回転数，rpm（revolution per minute）もよく用いられる．最後に，10^n の SI 接頭語を**表 1.3** に，よく使用されるギリ

シャ文字とその読みを**表1.4**にまとめて示す。

表1.3 10^n の単位のSI接頭語

係数	接頭語	原語	記号	係数	接頭語	原語	記号
10^{13}	エクサ	exa	E	10^{-1}	デシ	deci	d
10^{15}	ペタ	peta	P	10^{-2}	センチ	centi	c
10^{12}	テラ	tera	T	10^{-3}	ミリ	milli	m
10^{9}	ギガ	giga	G	10^{-6}	マイクロ	micro	μ
10^{6}	メガ	mega	M	10^{-9}	ナノ	nano	n
10^{3}	キロ	kilo	k	10^{-12}	ピコ	pico	p
10^{2}	ヘクト	hecto	h	10^{-15}	フェムト	femto	f
10^{1}	デカ	deca	da	10^{-18}	アト	atto	a

表1.4 ギリシャ文字表

文字		ギリシャ名	通称	文字		ギリシャ名	通称
A	α	アルファ		N	ν	ニュー	
B	β	ベータ	ビータ	Ξ	ξ	クサイ，クシー	グザイ
Γ	γ	ガンマ		O	o	オミクロン	
Δ	δ	デルタ		Π	π	ペイ，ピー	パイ
E	ε	エプシロン	イプシロン	P	ρ	ロー	
Z	ζ	ツェータ	ジータ	Σ	σ	シグマ	
H	η	エータ	イータ	T	τ	タウ	
Θ	θ	テータ	シータ	Υ	υ	ユプシロン	ウプシロン
I	ι	イオータ	イオタ	Φ	ϕ	フェイ，フィー	ファイ
K	κ	カッパ		X	χ	キー	カイ
Λ	λ	ラムブダ	ラムダ	Ψ	ψ	プセイ，プシー	プサイ
M	μ	ミュー		Ω	ω	オーメガ	オメガ

2

工 業 力 学

　機械を作るときには，その機械に作用する力の大きさを求めて，その力が許される範囲に入るようにしなければならない。そのためには，力の釣合いの条件を考えて，機械を構成している物体に作用する力を求める。また，動いている物体であれば，どのように動くかを知り，動きによってどのような力が生じるかを求める。工業力学は，このようなことを求めるための基礎である。この章では，まず止まっている物体に作用する力の釣合いについて述べる。つぎに，動いている物体の動き方と動きによって生じる力について述べる。

2.1 力の釣合い

　物体を動かすためには，その物体に力を加えなければならない。このことを逆に考えると，物体が動かない（静止する）ためには，その物体に力が作用していないことと同じ条件が成り立たなければならない。

2.1.1 力の表し方
　図 2.1(a) に示すように，物体上の点 A に 5 kN の力（510 kg の物体をゆっくり持ち上げるのに必要な力）が作用しているとする。力をこの図のように矢印で示す。矢印の長さは力の大きさに比例させる。矢印の始点である点 A を力の作用点，矢印を延長した線（破線で示す）を力の作用線という。この物体が動かないためには，図 (b) に示すように，点 A に逆方向に同じ大きさの力（5 kN）を作用させればよい。力は作用線上で移動しても効果は同じであ

18　2. 工業力学

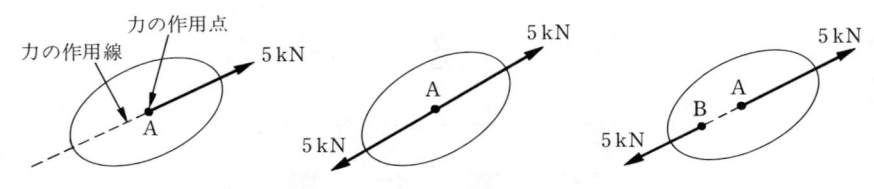

(a)　力の作用点と作用線　　(b)　作用点での力の釣合い　　(c)　作用線上の力の釣合い

図 2.1　一つの力が作用する場合の力の釣合い

る。したがって，図 (c) に示すように，作用線上の点 B に逆方向の力を作用させても物体は動かない。

2.1.2　力 の 合 成

一つの力が作用している場合は逆向きの同じ大きさの力を加えればよいが，二つ以上の力が作用している場合には，それらを合成すると考えやすい。図 2.2(a) のように，点 A に 5 kN の力と 10 kN の力が 30° の角度で作用しているものとする。この二つの力を合成して合力を求める場合には，図 (b) に示すように両方の力を 2 辺とする平行四辺形をかき，点 A を始点とする対角線 AB を引く。対角線 AB が合力の大きさで，点 A から点 B へ向かう矢印の方

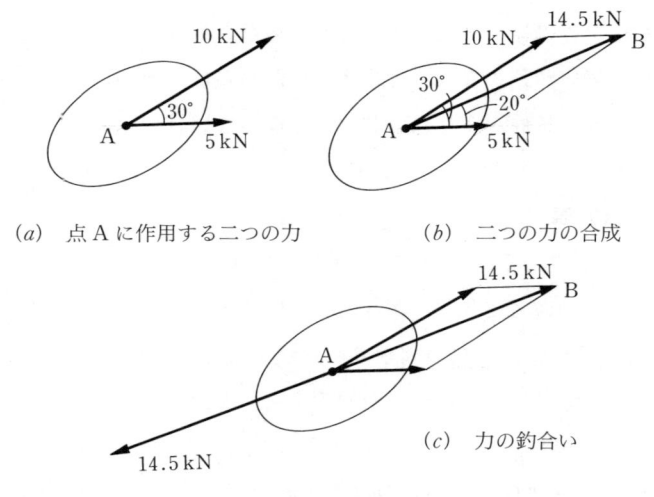

(a)　点 A に作用する二つの力　　(b)　二つの力の合成

(c)　力の釣合い

図 2.2　二つの力が作用する場合の力の釣合い

向が合力の方向である。この例では，合力の大きさは約 14.5 kN で，5 kN の力から 20°の方向である。この二つの力が作用している物体が動かないようにするためには，図 (c) に示すように，合力と同じ大きさで反対方向の力を点 A または合力の作用線上に作用させればよい。

　三つ以上の力を合成する場合には，**図 2.2** の方法を繰り返す。**図 2.3**(a) のように 5 kN，8 kN，10 kN の力がそれぞれ 20°の角度で作用しているものとする。この場合には図 (b) に示すように，まず 5 kN と 8 kN の力の合力を求め，図 (c) に示すように，その合力と 10 kN の力の合力を求めれば三つの力の合力が求まる。合力を求める順序は逆でもよい。

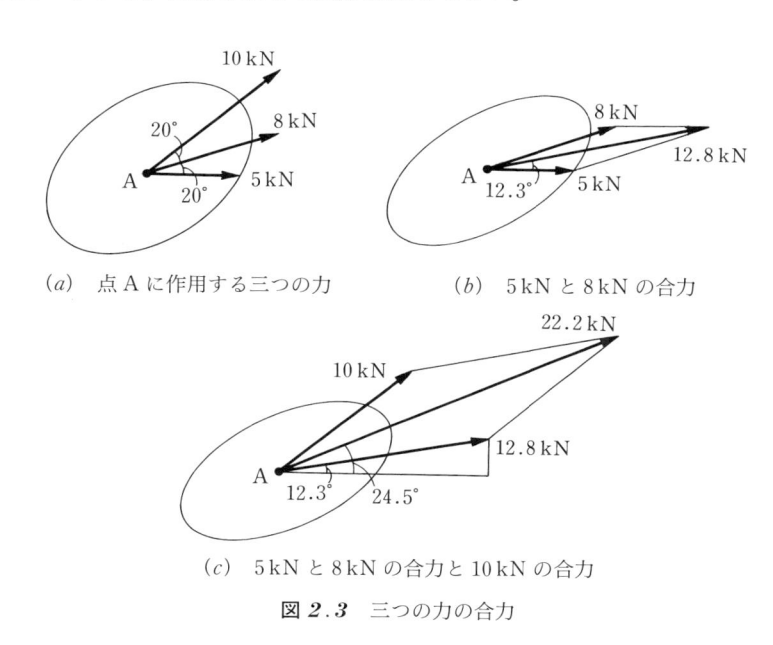

(a)　点 A に作用する三つの力　　(b)　5 kN と 8 kN の合力

(c)　5 kN と 8 kN の合力と 10 kN の合力

図 **2.3**　三つの力の合力

2.1.3　力 の 分 解

　力の合成とは逆に，一つの力を二つ以上の力に分解することもできる。図 **2.4**(a) に示す点 A に作用する 10 kN の力を二つの方向に分解することを考える。この場合には**図 2.2** とは逆に，図 (b) に示すように 10 kN の力を対角

20   2. 工 業 力 学

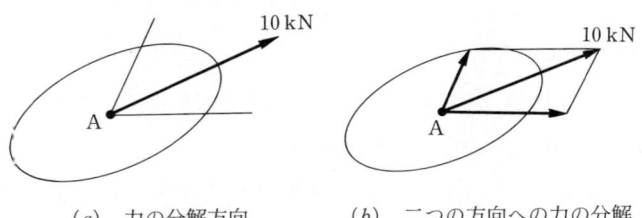

(a) 力の分解方向　　(b) 二つの方向への力の分解

図 2.4　力 の 分 解

線とする平行四辺形をかくと，その2辺が分解された力になる。分解された力を 10 kN の力のその方向の成分という。

2.1.4　力のモーメント

つぎに，力が同じ作用線上に作用しない場合を考える。図 2.5 に示すように，点 A に作用している力と点 B に作用している力の作用線が一致しないときには，物体は回転しようとする。この場合には**力のモーメント**（moment of force）を考える。力のモーメントは図に示すように，任意の1点（点 O）から力の作用点までの直線の長さと，この直線に直角な方向の力の成分の積である。この積のことを点 O まわりの力のモーメントと呼ぶ。

図 2.6(a) のように力とこの直線が直角でない場合には，図 (b) に示すよ

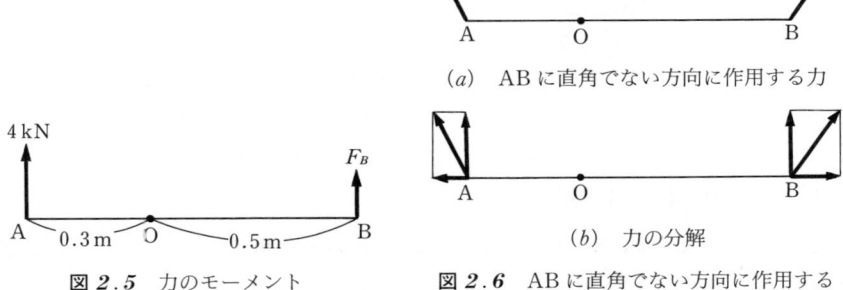

(a) AB に直角でない方向に作用する力

(b) 力の分解

図 2.5　力のモーメント

図 2.6　AB に直角でない方向に作用する力のモーメント

うに，力をこの直線の方向と直線に直角な方向に分解する。直線の長さと直角な方向の力の成分の積が力のモーメントとなる。一般に物体を反時計回りに回す力のモーメントを正の力のモーメント，物体を時計回りに回す力のモーメントを負の力のモーメントとする。

物体が回転しないためには，ある点のまわりの力のモーメントの和が0になるようにする。例えば，図 **2.5** に示すように点Oから0.3mの点Aに4kNの力が作用しているときに，0.5m離れた点Bに作用する力を F_B とすると

$$F_B \times 0.5 - 4 \times 0.3 = 0$$

となるときに物体は回転しない。この場合，$F_B = 2.4\,\mathrm{kN}$ となる。

図 **2.7** に示すように，5kNの力が0.7m離れた点Aと点Bに反対方向に作用している場合に，力と点Aと点Bの距離の積で表される量を偶力という。この場合，$5\,\mathrm{kN} \times 0.7\,\mathrm{m} = 3.5\,\mathrm{kN \cdot m}$ が偶力の大きさとなる。

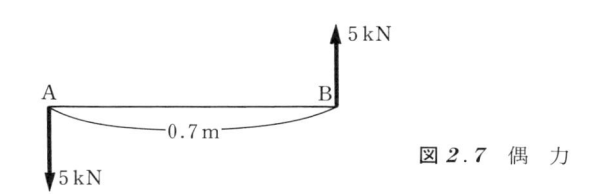

図 **2.7** 偶 力

2.2 点 の 運 動

物体が動く場合について考える。物体が図 **2.8**(*a*) に示すように，原点Oから1m離れた点Aから原点から4m離れた点Bまで移動するのに2s（秒）かかったとする。このとき，点Aと点Bの距離をかかった時間で割ったものを**速さ**，または**速度**（velocity）と呼ぶ。このことを式で表すと

$$(速度) = \frac{(原点から点Bまでの距離) - (原点から点Aまでの距離)}{(点Aから点Bまで移動するのにかかった時間)}$$

(2.1)

この場合の速度は

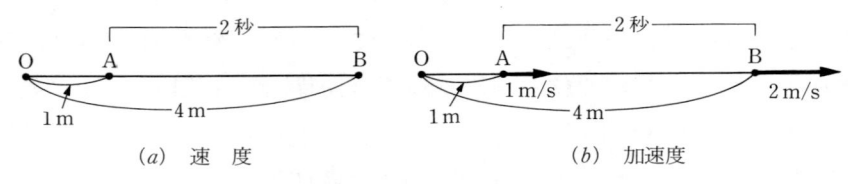

図2.8 速度と加速度

$$\frac{4-1}{2} = 1.5 \,\text{m/s}$$

である。これは厳密には点Aと点Bの間を一定の速度で移動した場合のことであり，**平均速度**とも呼ばれる。物体が加速しているときや減速しているときには速度も変化する。速度の変化を表すものが**加速度**（acceleration）である。このことを式で表すと

$$(加速度) = \frac{(点Bでの速度 - 点Aでの速度)}{(点Aから点Bまで移動するのにかかった時間)} \quad (2.2)$$

図(b)のように，点Aでの速度が1m/sで点Bでの速度が2m/sであるとすると，加速度は

$$\frac{2-1}{2} = 0.5 \,\text{m/s}^2$$

となる。これは厳密には点Aと点Bの間を一定の加速度で移動した場合のことであり，平均加速度とも呼ばれる。

加速度の変化率を加加速度と呼ぶが，通常の力学で使うことはほとんどない。

速度の単位として，1時間に進む距離〔km〕であるkm/hが使われることもある。m/sとkm/hの間には

$$1 \,\text{m/s} = 3.6 \,\text{km/h}$$

の関係がある。

加速度としてよく知られているものとして**重力加速度**（acceleration of gravity）がある。これは物体に対して下向きにかかる加速度であり，大きさは$9.81 \,\text{m/s}^2$である。物体を落下させると速度が増加するのはこの加速度のた

めである。

2.3 質点の運動

　質点とは質量が集中している点のことで，つぎの節で述べる重心で考えることが多い。

2.3.1　ニュートンの力学の法則
つぎの三つのことを考えてみる。
1)　自動車や電車などの乗り物に乗っていることを想像してみる。停まっている乗り物が動き出すときに，体が進行方向と逆向きに押されているように感じる。これとは逆に，動いている乗り物が停まるときに，体が進行方向に押されているように感じる。これは，動いている物体はずっと動き，停まっている物体はずっと停まっていようという性質があるためである。

　この性質があるために，停まっている乗り物が動き出すとき，体は停まっていようとするために後ろ向きに押されるように感じる。逆に，動いている乗り物が停まるとき，体は進行方向に動こうとするために体が進行方向に押されているように感じる。
2)　滑らかな床に停まっている物体を手で押すと動き出す。重い物体を動かすためには大きな力が必要となる。同じ力で押すと重い物体のほうがゆっくり動く。
3)　地球上の物体に重力（地球の中心に向かう力）がかかっていることはよく知られている。しかし，机の上に本を置いても，机が傾いていたりしないかぎり本は下に落ちない。これは，本に重力が働いて机を押しているが，机が逆向きの同じ大きさの力で本を押し返し，両方の力が釣り合っているためである。

以上の三つの内容は力学の問題を考えるうえで重要な法則であり，ニュート

ンの力学の法則と呼ばれる。まとめるとつぎのようになる。

- **第1法則**：外から力を加えなければ物体は静止しているか等速直線運動をする。
- **第2法則**：外から力を加えると，物体の質量に反比例する加速度を生じる。すなわち

$$（外から加えた力）=（質量）\times（加速度） \qquad (2.3)$$

となる。

- **第3法則**：物体に力を作用させると，物体から反対向きの同じ大きさの力を受ける。

第1法則は第2法則で加速度が0の場合である。外から力が加わらなければ式(2.3)から加速度が0であり，この場合式(2.2)の分子が0であるから，点Bでの速度＝点Aでの速度　である。したがって，外から力が加わらなければ物体は同じ速度（等速）で運動する。

2.3.2 運動量

物体が非常に短い時間に力を受けることがある。衝突や爆発による衝撃などがそれである。このような場合には，作用している力が一定であれば，物体に作用する量としてつぎの式で表される**力積**（impulse）を用いる。

$$（力積）=（作用する力）\times（力が作用する時間） \qquad (2.4)$$

一方，衝撃的な力を受ける物体の運動も変化する。この場合にはつぎの式で表される**運動量**（momentum）を用いる。

$$（運動量）=（質量）\times（速度） \qquad (2.5)$$

力積と運動量の間にはつぎの関係がある。

$$（運動量の変化）=（力積） \qquad (2.6)$$

例題 2.1 図 2.9 に示すように，質量が 5 kg で 5 m/s の速度で直線運動をしている物体に 2 kN の力が 0.05 s 作用した。力が作用した後の物体の速度を求めよ。

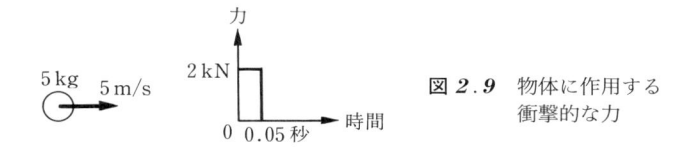

図 2.9 物体に作用する衝撃的な力

【解答】
　　（力が作用した後の運動量）−（力が作用する前の運動量）＝（力積）
であるから
　　$5 \times (求める速度) - 5 \times 5 = 2\,000 \times 0.05$
すなわち
　　$(求める速度) = \dfrac{100 + 25}{5} = 25\,\mathrm{m/s}$ ◇

2.3.3 回転運動

　物体の運動には，直線運動のほかにカーブを曲がるときのような回転運動（曲線運動）もある。ニュートンの第1法則から，外力が作用しなければ物体は等速直線運動をする。また，ニュートンの第2法則から，運動している直線方向に力を受けると，その方向に加速度を生じる。一方，運動している直線方向以外の方向に力を受けると，物体はその方向へ曲がる。

　簡単のため，図 2.10 に示す円運動を考える。円運動をするためには，物体の運動の方向に直角な方向（円の中心向き）の力（求心力）を加えなければならない。円運動の場合に，直線運動の変位に相当する量として，（回転）角度を用いる。角度の単位は °（度）でもよいが，一般に無次元量 rad（ラジアン）が用いられる。これは，半径が 1 である円を考え，その円周に対応する量

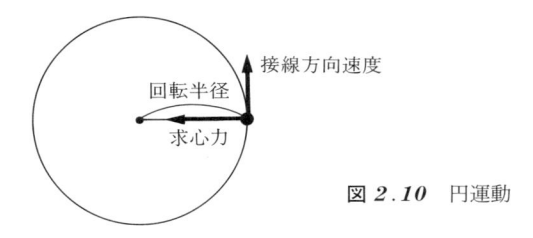

図 2.10　円運動

である。単位時間当りの回転角度は角速度と呼ばれ，rad/s で表される。

円運動をしている物体の接線方向の速度は

$$(接線方向速度)=(回転半径)\times(角速度) \tag{2.7}$$

2π〔rad〕で1回転であり，1回転のことを1サイクルとも呼ぶ。1秒間の回転数のことを cps（サイクル毎秒）と呼ぶこともある。さらに，1分間の回転数である rpm で表すこともある。これらの間にはつぎの関係がある。

$1\,\mathrm{cps}=2\pi\,\mathrm{rad/s}$

$1\,\mathrm{rpm}=\dfrac{1}{60}\,\mathrm{cps}=\dfrac{2\pi}{60}\,\mathrm{rad/s}$

2.3.4 遠 心 力

乗物に乗っていると，曲線部を通過するときに外へ押し出されるように感じることがある。このような力を遠心力という。これは曲線の中心へ向かう力が作用するため，その反作用として発生する力である。遠心力は

$$\begin{aligned}(遠心力)&=(質量)\times(回転半径)\times(角速度)^2\\&=\frac{(質量)\times(接線方向速度)^2}{(回転半径)}\end{aligned} \tag{2.8}$$

例題 2.2 質量が 2 kg の物体が半径 50 cm，角速度 10 rad/s で回転運動しているときの接線方向速度，および遠心力を求めよ。

【解答】

(接線方向速度)$=0.5\times10=5\,\mathrm{m/s}$

(遠心力)$=2\times0.5\times10^2=100\,\mathrm{N}$ ◇

2.4 剛体の運動

輪ゴムを引っ張る（力を加える）と伸び，手を離す（力を取り去る）ともとに戻る。このような性質を弾性と呼ぶ。ただし，あまり強い力で引っ張るとゴ

ムはもとの長さに戻らず，切れてしまうこともある。このように力を取り去ってももとの長さに戻らない性質を塑性と呼ぶ。一方，鉄の棒を引っ張っても伸びたようには見えないが，厳密には非常に小さな伸びが生じている。このように物体に力を加えると，力の一部は物体の伸び（変形）に使われることになる。

力を加えても変形しないものを剛体と呼ぶ。厳密には物体はなんらかの変形をしているが，変形量が小さい場合には，剛体として扱うことができる。また，物体の変形量を求める場合にも，剛体に作用している力を求めてから変形量を計算する場合が多い。

2.4.1 剛体の直線運動

剛体の運動は，直線運動と回転運動がある。運動を考えるうえで重要なものは重心である。剛体の重心は剛体全体の質量が集中している点である。したがって，直線運動は重心の運動に対して 2.3 節で述べた質点の運動を考えればよい。

2.4.2 剛体の回転運動

回転運動に対しては，つぎのような式(2.3)と同じような式が成り立つ。

$$(外から加えた力によるモーメント) = (慣性モーメント) \times (角加速度) \qquad (2.9)$$

慣性モーメント (moment of inertia) は物体の形状によって異なり，同じ物体でもどの軸のまわりに回転しているかで式が違ってくる。**表 2.1** に代表的な慣性モーメントの式を示す。角加速度は単位時間当りの角速度の変化である。

例題 2.3 図 2.11 に示すような質量 5 kg，半径 200 mm の円板の外周に糸を巻き，一端を 50 N で引っ張るときの円板の角加速度を求めよ。糸は滑らないものとし，円板の回転軸に摩擦はないものとする。

表 2.1 代表的な慣性モーメント

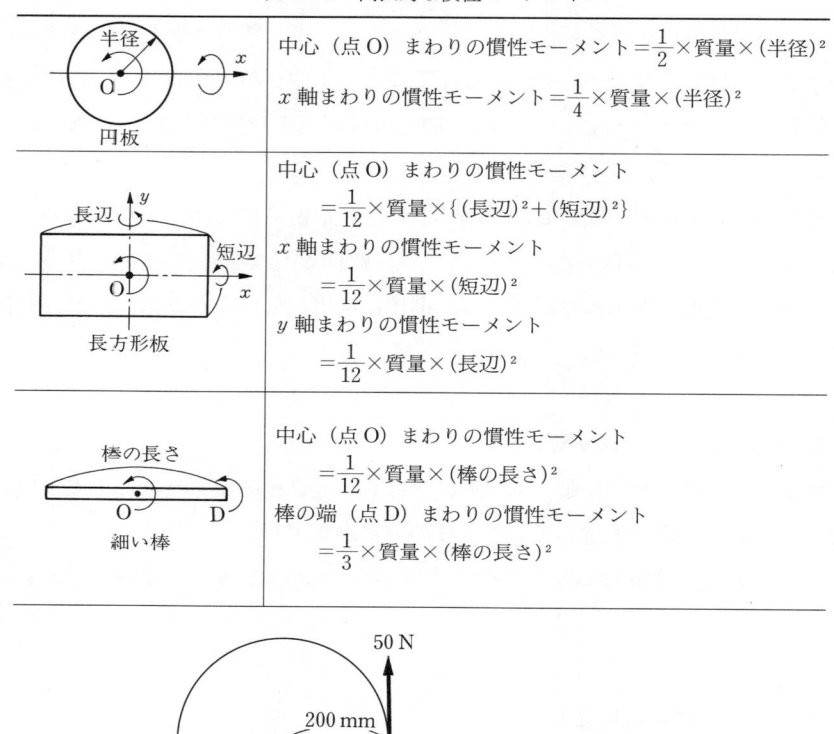

図	慣性モーメント
円板（半径、点O、x軸）	中心（点O）まわりの慣性モーメント $=\dfrac{1}{2}\times$質量$\times$(半径)^2 x軸まわりの慣性モーメント $=\dfrac{1}{4}\times$質量$\times$(半径)^2
長方形板（長辺、短辺、x軸、y軸、点O）	中心（点O）まわりの慣性モーメント $=\dfrac{1}{12}\times$質量$\times${(長辺)^2+(短辺)^2} x軸まわりの慣性モーメント $=\dfrac{1}{12}\times$質量$\times$(短辺)^2 y軸まわりの慣性モーメント $=\dfrac{1}{12}\times$質量$\times$(長辺)^2
細い棒（棒の長さ、点O、点D）	中心（点O）まわりの慣性モーメント $=\dfrac{1}{12}\times$質量$\times$(棒の長さ)^2 棒の端（点D）まわりの慣性モーメント $=\dfrac{1}{3}\times$質量$\times$(棒の長さ)^2

図 2.11 外周に糸を巻いた円板

（50 N、200 mm、5 kg、回転軸）

【解答】 外から加えた力による円板の中心軸まわりのモーメントは

$50\times 0.2 = 10\,\text{N·m}$

円板の中心軸まわりの慣性モーメントは，(1/2)×(質量)×(半径)^{2}で求まる。この場合

$$\dfrac{1}{2}\times 5\times 0.2^2 = 0.1\,\text{kg·m}^2$$

したがって，式(2.9)から

$$\text{角加速度}=\dfrac{10}{0.1}=100\,\text{rad/s}^2$$

◇

2.4.3 剛体に作用する力

剛体に作用するいくつかの力について述べる。

2.2 節で述べたように，物体には下向きに重力加速度がかかる。したがって，式(2.3)から，(質量)×(重力加速度)で求まる力が下向きに作用する。この力を重力と呼ぶ。

図 2.12 (a)に示すように，剛体が糸あるいはロープでつるされている場合に，剛体は糸あるいはロープに引っ張られる。この力を張力と呼ぶ。図(b)に示すように，剛体 A と剛体 B が糸あるいはロープで結ばれ，剛体 A に力を加えて引っ張る場合にも，剛体 A は糸あるいはロープによって進行方向と逆向きに引っ張られ，剛体 B は進行方向に引っ張られる。これらの力も張力と呼ばれる。

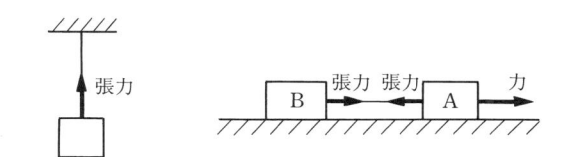

(a) つるされた剛体　(b) 糸あるいはロープで結ばれた剛体

図 2.12　張　力

図 2.13 に示すように，粗い床の上に置かれた剛体に力を加えると，最初は静止しているが，ある大きさ以上の力を加えると剛体は動き出す。これは，剛体の動きを妨げる力が作用しているためであり，この力を**摩擦力** (friction force) と呼ぶ。

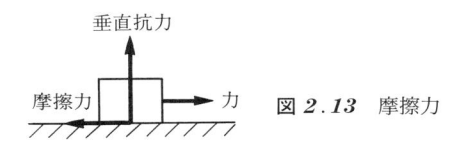

図 2.13　摩擦力

摩擦力は接触面積や速度に無関係で，剛体を垂直方向に押し返す力（垂直抗力と呼ぶ）に比例する。動き出すときの力と垂直抗力の比を静止摩擦係数と呼ぶ。式で表すと

$$(静止摩擦係数) = \frac{(剛体が動き出すときの力)}{(垂直抗力)} \qquad (2.10)$$

剛体が動き出すと，動き出すときの力より小さい力で動かすことができる。この場合でも，剛体の動きと反対方向に抵抗力が作用している。この力と垂直効力の比を動摩擦係数と呼ぶ。式で表すと

$$(動摩擦係数) = \frac{(剛体が動いているときの抵抗力)}{(垂直抗力)} \qquad (2.11)$$

動摩擦係数は静止摩擦係数よりも小さい。

例題 2.4 図 2.14 に示すように，水平な粗い床に置かれている質量 5 kg の物体を動かすために必要な力を求めよ。ただし，物体と床の間の静止摩擦係数を 0.2 とする。

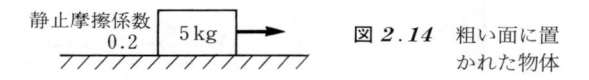

図 2.14 粗い面に置かれた物体

【解答】 物体には重力がかかる。重力は

(重力) = 5 × 9.81 = 49.1 N

床から反作用で垂直方向に重力と同じ力で押されているから，垂直抗力は 49.1 N である。したがって，この物体を動かすために必要な力は，式 (2.10) から

(物体を動かす力) = 0.2 × 49.1 = 9.82 N ◇

コーヒーブレイク

この章で「滑らかな」という言葉と「粗い」という言葉を使った。「滑らかな」は 2.4.3 項で述べた摩擦力が作用しないことを表す。「粗い」は摩擦力が作用することを表す。普通の物体を動かす場合になんらかの摩擦力が作用することになるが，物体の運動を考える式 (2.3) がやや複雑になるので，まず摩擦力が作用しない簡略化した条件での物体の運動について学んだのである。

2.5 振動問題

振動はいろいろな所で発生する。規模の大きいものとしては地震がある。また，モータなどの回転機械による振動や自動車に乗っているときに感じる振動もある。

2.5.1 振動波形

ここでは，規則正しい振動を考える。揺れの大きさを横軸に時間をとって示すと，図 2.15 のようになる。この図は中心線に対して対象で，規則正しい振動を表している。図に示すように，中心から山の頂点または谷の底部までの大きさを振幅という。山の頂点とつぎの山の頂点，または谷の底部とつぎの谷の底部までに要する時間を1周期という。周期が短いほど速く揺れる。また，1秒間の周期の数を振動数という。振動数は 2.3.3 項の回転の速さと同じようなものである。振動数の単位は Hz である。

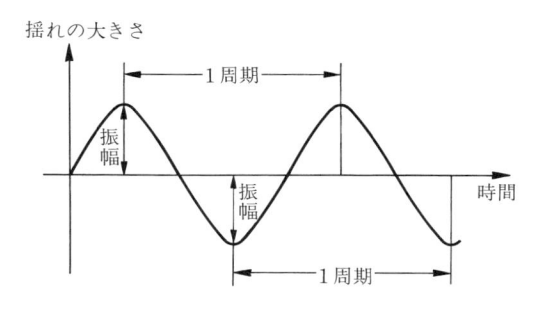

図 2.15 振動波形

2.5.2 固有振動数

物体には揺れやすい振動数がある。例えば，図 2.16 に示すようなばねにつるしたおもりを少し引っ張ってから離すと，ある振動数で揺れる。また，図 2.17 に示す振り子のおもりを少し動かしてから離すと，ある振動数で揺れる。これらの振動数が固有振動数である。物体は固有振動数に近い振動数で揺らすと，大きく揺れる。そのため，振動を嫌う機械では，このようにならない

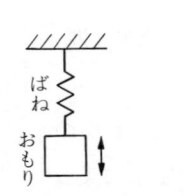

図 2.16 ばねとおもりの振動　　図 2.17 振り子の振動

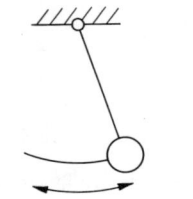

ように設計する。

例題 2.5 図 2.18 に示す振動の周期, および振動数を求めよ。

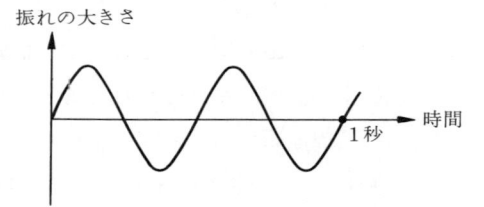

図 2.18 振動波形の例

【解答】 1秒間に2回の振動をするから, 振動数は2Hzである。波形の山の頂点とつぎの山の頂点の間は0.5sであるから, 周期は0.5sである。　　◇

演 習 問 題

【1】 問図 2.1 に示す三つの力の合力を求めよ。

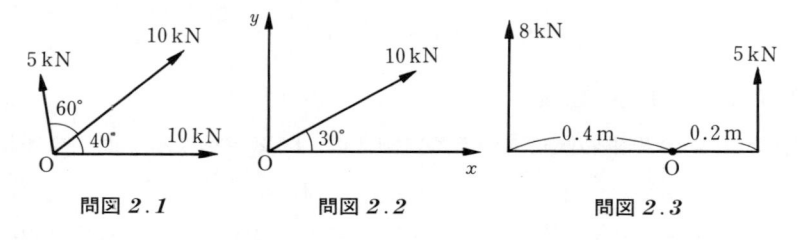

問図 2.1　　問図 2.2　　問図 2.3

【2】 問図 2.2 に示す力を x 軸方向と y 軸方向に分解せよ。

【3】 問図 2.3 に示す力が作用している場合の点Oまわりのモーメントを求めよ。

【4】 20 m 離れた 2 点を一定の速度で直線移動するのに 4 s かかった。速度を求めよ。また，それは何 km/h か。

【5】 2 kg の物体が 30 rpm で半径 0.8 m の円周上を回っている。接線方向速度と遠心力を求めよ。

【6】 問図 2.4 に示すように，質量 4 kg の物体を粗い水平面上で 10 N で引っ張るときに物体に生じる加速度を求めよ。ただし，物体と水平面の間の動摩擦係数を 0.1 とする。

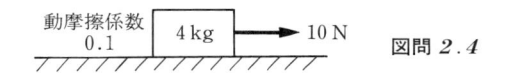

図問 2.4

3

材 料 力 学

　材料力学とは，機械部品や構造物材料が種々の条件下で使用されるとき，外力によって生じる内力と変形状態について，力学的に明らかにする基礎的学問である．設計において，機械が安全に使用されるためには破壊しない強度が必要である．また，破壊しなくともその機械が持つ性能を十分に発揮するためには，変形を小さくするために大きな剛性が必要である．このような強度や剛性を考慮して設計するためには，材料力学の知識が必要となる．

3.1 荷　　　重

　物体に外から作用する力を一般に**外力**（external force）という．この外力のことを工学的には**荷重**（load）という．この荷重は多くの種類があり，つぎのような分類がされている．

　1)　**荷重の作用状態による分類**　　物体の一点に作用する集中荷重と，ある範囲で作用する分布荷重に分けられる（図 *3.1*）．

(*a*)　集中荷重　　　　(*b*)　分布荷重

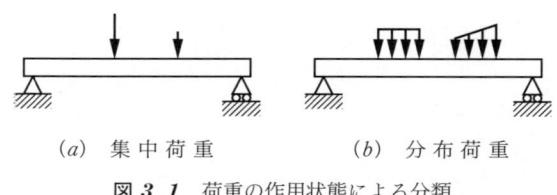

図 *3.1*　荷重の作用状態による分類

　2)　**荷重の作用方法による分類**　　荷重が物体に対してどのような効果を与えるかによって引張荷重，圧縮荷重，せん断荷重，曲げ荷重，ねじり荷重と

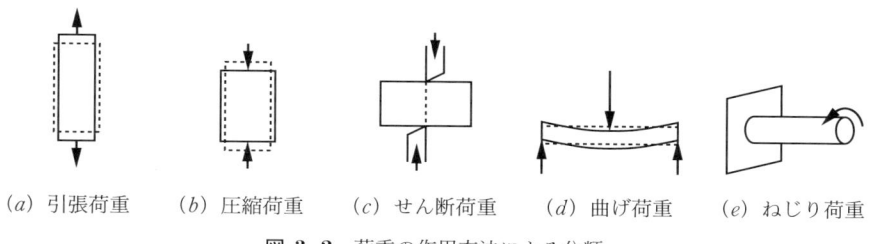

(a) 引張荷重　(b) 圧縮荷重　(c) せん断荷重　(d) 曲げ荷重　(e) ねじり荷重

図 3.2　荷重の作用方法による分類

して分けられる（図 3.2）。

3) 荷重の作用方向による分類　物体の長手方向に作用する軸荷重と，長手方向に垂直に作用する横荷重に分けられる（図 3.3）。

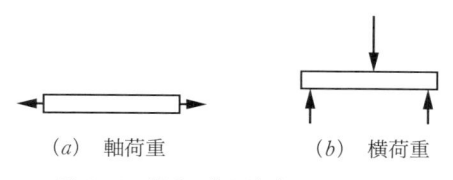

(a)　軸荷重　　　　(b)　横荷重

図 3.3　荷重の作用方向による分類

4) 荷重の時間的変化による分類　荷重の大きさや方向が時間的に変化しない静荷重と，時間的に変化する動荷重に分けられる。そして動荷重には，その変化状態により繰返し荷重，交番荷重，衝撃荷重，移動荷重などがある。

3.2 応　　力

3.2.1　引張応力と圧縮応力

細い棒の両端を 50 kN で引っ張ると破断するが，太い棒を同じ荷重で引張っても破断しない。太いほど強いことがわかる。すなわち断面積が大きいほど強いことになる。また，ある太さの軟鉄の棒は 50 kN で破断しないが，同じ太さのアルミニウムの棒は破断する。すなわち，軟鉄材料のほうがアルミニウム材料より強いということである。強さの指標として，単位面積当りの**内力**

(internal force) を考えるとよいことがわかる。

ここで天井からつるされた棒に引張荷重 P が作用するときを考える (**図3.4** (a))。このとき自重は無視するものとする。棒には荷重 P と天井からの反力 P (大きさは同じで向きが反対) が作用することになる (図(b))。このときある任意の断面 X-X′ で棒を仮想的に切断する (図(c))。下方の部分に注目すると，その上面には下面の荷重 P と釣り合う内力が作用していなければならない。この内力は切断位置が変化しても荷重と同じ値をとり，切断面中に分布している (図(d))。このとき，単位面積当りの内力を**応力** (stress) という。すなわち

$$\sigma = \frac{P}{A} \tag{3.1}$$

となる。ただし，A は断面積である。また，単位は N/m² または Pa となる。

図3.4 引 張 応 力

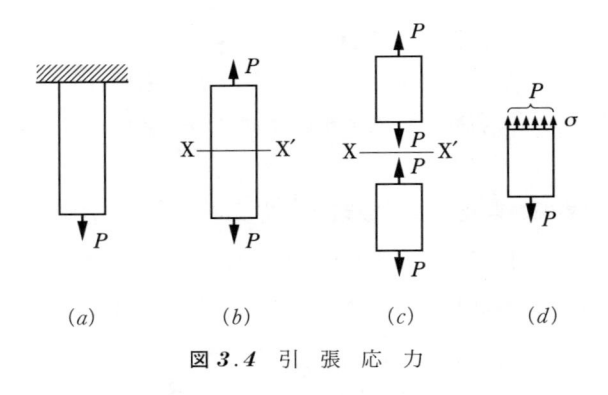

圧縮荷重についても同様に考えることができる。ただし，引張荷重で生じる応力を**引張応力** (tensile stress) といい，符号を正(+)で表し，圧縮荷重で生じる応力を**圧縮応力** (compressive stress) といい，符号を負(−)で表す。

3.2.2 せん断応力

図3.5 (a)のようなピンで結合されている継手が荷重 $2V$ で引張られているときを考える。その正面から見た図は図(b)となり，ピンの斜線部のみを取

り出すと**図 3.6** (*a*) となる。ピンにはせん断荷重 V と $2V$ がかかっていることになる。ここで継手の上部と下部の境界面で仮想的にピンを切断する（図(*b*)）。ピンの左側部分においてその右面に荷重 V と釣り合う力が内力として作用していることになる（図(*c*)）。この単位面積当りの内力を**せん断応力** (shearing stress) といい，次式で表される。ただし，断面積を A とする。

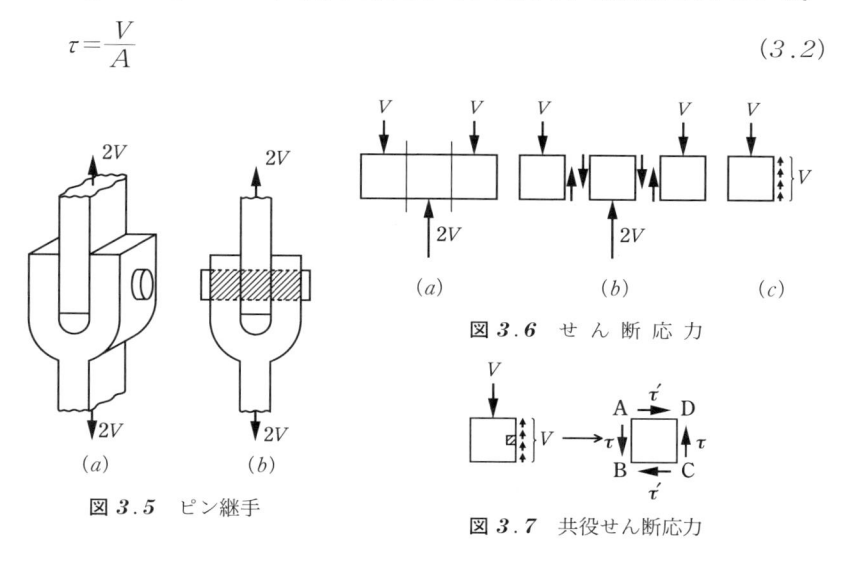

$$\tau = \frac{V}{A} \tag{3.2}$$

図 3.5 ピン継手

図 3.6 せん断応力

図 3.7 共役せん断応力

ここで**図 3.7** に示すようにピン左側部分における右面の微小部分を考える。すると，AB，CD に作用するせん断応力のみでは静的平衡が保てない。τ' を発生させることによりモーメントの釣合いを保ち，平衡となる。このとき τ と τ' は大きさが等しい。この τ' を**共役せん断応力** (complementary shearing stress) という。

3.3 ひ ず み

3.3.1 引張ひずみと圧縮ひずみ

長さ 2 m，断面積 100 mm^2 の軟鋼棒を 1 kN で引張ったとき，約 0.1 mm 伸

びる。同じ断面積で長さ4mの軟鋼棒を同じ力で引張ると約0.2mm伸びる。長くなると伸びが大きくなる。そこで伸びなどの変形における評価の指標として，単位長さ当りの変形を考えるとよい。ここで，長さ l の棒の軸方向に荷重が作用したときの変形量は λ であった（**図3.8**）。この軸方向の単位当りの変形量を**縦ひずみ**（longitudinal strain）といい

$$\varepsilon = \frac{\lambda}{l} \tag{3.3}$$

となる。引張荷重で生じた縦ひずみを引張ひずみ，圧縮荷重で生じた縦ひずみを圧縮ひずみという。引張ると伸びるので正(＋)，圧縮すると縮むので負(－)として表す。

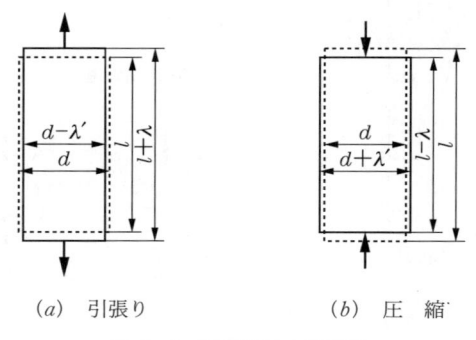

(a) 引張り　　(b) 圧　縮

図 **3.8**　軸荷重による変形

また，体積一定であることより，軸に垂直な方向（横方向）にも変形を生じる。この横方向のひずみを**横ひずみ**（lateral strain, transversal strain）といい

$$\varepsilon' = \frac{\lambda'}{d} \tag{3.4}$$

となる。

縦ひずみと横ひずみの比は材料の種類ごとに一定の値を持つ。これを**ポアソン比**（Poisson's ratio）といい，次式で表される。

3.4 応力とひずみの関係　39

$$\nu = -\frac{\varepsilon'}{\varepsilon} \tag{3.5}$$

3.3.2　せん断ひずみ

図 3.9 のように，せん断荷重を受ける部材の変形を評価する指標として，二平面に生じる荷重方向のずれ量 δ を二平面間の距離 l で割った値，すなわち単位長さ当りのずれ量を用いる。これを**せん断ひずみ**（shearing strain）といい

$$\gamma = \frac{\delta}{l} \tag{3.6}$$

と表される。また，δ に比べて l が十分に大きいとき（$\delta \ll l$）

$$\gamma = \tan\theta \fallingdotseq \theta \tag{3.7}$$

となる。

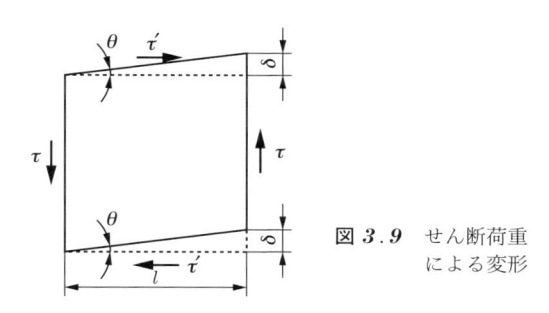

図 3.9　せん断荷重による変形

3.4　応力とひずみの関係

物体に荷重を加えると変形する。この変形量が荷重を取り除くことによって完全にもとに戻る性質を**弾性**（elasticity）という。このときの変形を弾性変形という。このような性質を示す限界の応力を**弾性限度**（elastic limit）という。この弾性限度を超えて荷重を負荷するとその荷重を取り除いても変形は残

留する。この性質を**塑性**（plasticity）という。このときの変形を塑性変形という。

弾性限度内で応力とひずみの関係が正比例となる範囲があり，この限界の応力を**比例限度**（proportional limit）という。この応力とひずみの正比例の関係を**フックの法則**（Hook's law）といい，次式で表される。

$$\sigma = E\varepsilon \tag{3.8}$$

このとき比例定数 E は**縦弾性係数**（modulus of longitudinal elasticity）または**ヤング率**（Young's modulus）と呼ばれ，材料の種類ごとに一定の値を持つ。フックの法則はせん断応力とせん断ひずみについても同様に成立する。

$$\tau = G\gamma \tag{3.9}$$

このときの比例定数 G は**横弾性係数**（modulus of transverse elasticity）または**せん断弾性係数**（modulus of shearing elasticity）または**剛性率**（modulus of rigidity）と呼ばれ，E と同様に材料の種類ごとに一定の値を持つ。

引張試験（tensile test）は，材料の強さに関するデータを得る目的で広く実施されている材料試験の一つである。試験法と試験片形状は日本工業規格（JIS）に規定されている。ここでは，引張試験で得られた応力-ひずみ線図について述べる。

まず，軟鋼の挙動は複雑であり，この材料は工業的に広く用いられているので少し詳細に述べる。図 **3.10** において点 P は比例限度であり，点 E は弾性限度である。点 E を超えて荷重が負荷されたとき，点 Y_1 に達すると応力が急激に減少し，点 Y_2 に落ちる。そして応力がほとんど増加することなしにひずみが急に増す。このような現象を**降伏**（yielding）といい，このような点の応力を**降伏応力**（yielding stress）または**降伏点**（yielding point）と呼ぶ。特に点 Y_1 を上降伏点，点 Y_2 を下降伏点と呼ぶ。

さらに荷重を加えられると応力とひずみは増加する。そして点 M で最大応力に達し，平行部の一部にくびれを生じて荷重が減少していく。そして点 T で破断する。この点 M を**引張強さ**（tensile strength）または**極限強さ**（ultimate strength）と呼び，点 T を破断点と呼ぶ．

この線図において，応力は引張荷重を原断面積で割った**公称応力**（nominal stress）でかかれている．実際は引張ると伸びるため断面積は減少し，特に点 M を超えるとくびれを生じるため断面積はさらに減少する．荷重をそのときの最小断面積で評価した**真応力**（true stress）を**図 3.10** に破線で示す．

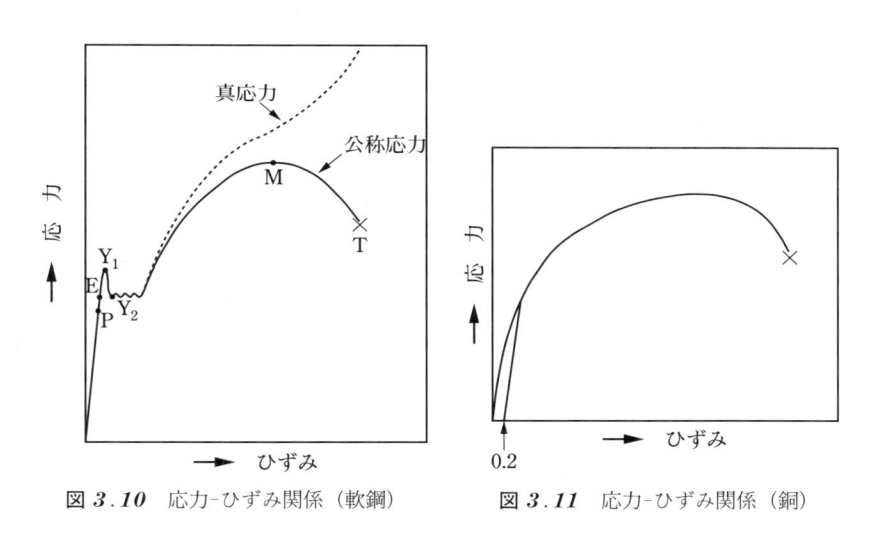

図 3.10 応力-ひずみ関係（軟鋼）　　図 3.11 応力-ひずみ関係（銅）

通常の金属や合金では**図 3.11** のように明りょうな降伏点現象が認められず，比例限度を超えると応力とひずみは連続的になめらかな曲線に沿って変化する．0.2％の永久ひずみを生じる応力を 0.2％耐力と定義し，降伏点の代わりによく用いられている．

3.5 熱応力

一般に固体は温度が上昇すると膨張し，降下すると収縮する．この温度変化による固体の膨張や収縮がなんらかの拘束によって妨げられると，固体内に応力が発生する．これを**熱応力**（thermal stress）という．ここで，**図 3.12** (a) のように，両端が固定された長さ l の棒材において温度が t°C上昇したと

図3.12 熱応力

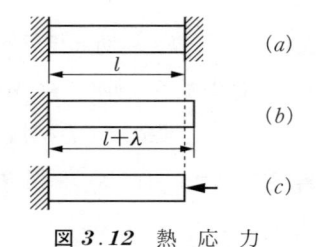

きを考える。

左端のみが固定されて，右端が自由端のとき（図(b)），棒は

$$\lambda = \alpha l t \tag{3.10}$$

だけ伸びる。ただし，α は**線膨張係数**（coefficient of thermal expansion）である。しかし，両端が固定されているとき，温度上昇により伸びた長さλを両端の壁が圧縮していることになる（図(c)）。このときの圧縮ひずみは

$$\varepsilon = -\frac{\lambda}{l+\lambda} \tag{3.11}$$

となり，フックの法則より，温度変化により生じる応力は

$$\sigma = E\varepsilon = -E\frac{\lambda}{l+\lambda} \tag{3.12}$$

$$= -E\frac{\alpha l t}{l+\alpha l t} = -E\frac{\alpha t}{1+\alpha t} \tag{3.13}$$

となる。ここで軟鋼材では $\alpha = 11.2 \times 10^{-6}$ /°Cである。αt は1に比べて非常に小さいため，$1+\alpha t$ を1として

$$\sigma = -E\alpha t \tag{3.14}$$

となる。

3.6 曲げ

3.6.1 せん断力と曲げモーメント

細い木材の棒を手で引張っても破壊させることは難しいが，曲げることによ

3.6 曲げ　　43

って手でも比較的簡単に破壊させることができる。このように曲げ問題では引張りや圧縮と異なって小さな荷重が大きな応力を生じさせる。

横荷重（lateral load）や**モーメント**（moment）を受ける棒を**はり**（beam）という。はりは支持条件により片持ばり，単純支持ばり，両端固定ばり，突出しばりなどの多くの種類がある（図 *3.13*）。

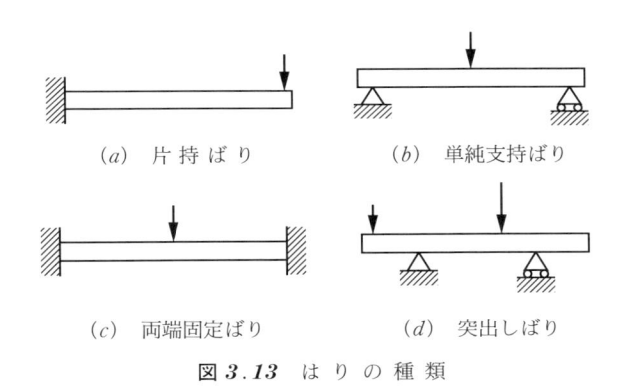

(a) 片持ばり　　(b) 単純支持ばり

(c) 両端固定ばり　　(d) 突出しばり

図 *3.13* はりの種類

はりに横荷重や曲げモーメントが作用すると，はりの任意断面に図 *3.14*に示すようなせん断力や曲げモーメントが生じる。

はりを仮想的に切断した左側断面の微小部分を考えたとき，右側の面に下向きのせん断力が作用するときせん断力を正(+)とし，曲げモーメントがはりを

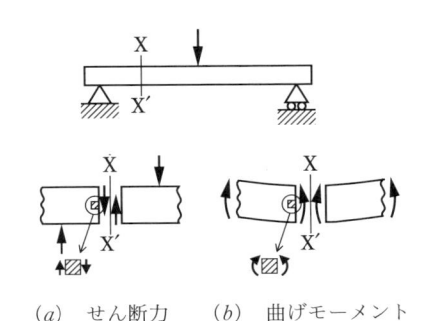

(a) せん断力　　(b) 曲げモーメント

図 *3.14* はりにおけるせん断力と曲げモーメント

下に凸に曲げるようなモーメントを正(+)とする。また，横荷重は下向きを正(+)とする。

3.6.2 曲げ応力

はりにせん断力と曲げモーメントが作用すると，それらと釣り合うようにせん断応力と垂直応力が生じる。はりの断面に生じる垂直応力のことを**曲げ応力**(bending stress) という。このときの応力状態を図 **3.15** に示す。

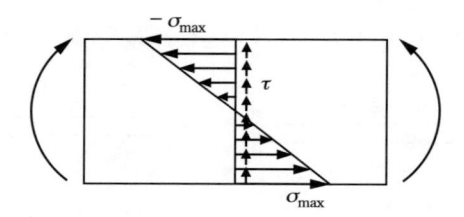

図 **3.15** 曲げ応力状態

図のような曲げ変形では上面が圧縮され，下面が引張られる。上下対称な断面を持つはりでは，中央において応力とひずみが 0 となる。この面を中立面という。曲げ応力は中立面から最も離れた上下面で最大となり，その最大値は

$$\sigma_{max} = \frac{M}{Z} \tag{3.15}$$

表 **3.1** 断面係数

断面形状	断面係数
(長方形 $b \times h$)	$\dfrac{bh^2}{6}$
(円 直径 d)	$\dfrac{\pi d^3}{32}$

となり,ここで M は曲げモーメント,Z は**断面係数**(section modulus)である(**表 3.1**)。

3.7 ね じ り

エンジンやモータなどの多くの原動機は,回転軸を通して外部に動力を取り出す。この回転軸は一般に中実丸軸である。回転軸は回転エネルギーやトルク(回転力)を伝えるため,ねじりモーメントを受けている。このとき丸軸は軸線のまわりにねじられ,その内部にはせん断ひずみとそれに対応するせん断応力あるいは**ねじり応力**(torsional stress)が発生する。

図 3.16 のように中実丸軸の一端を固定し,他端にねじりモーメント T を作用させたとき,変形前の直線 AB が変形後 AC になったとする。表面でのせん断ひずみ γ は

$$\gamma = \angle \text{BAC} = \frac{\overline{\text{BC}}}{l} \tag{3.16}$$

また,$\overline{\text{BC}} = a\phi$ であるので

$$\gamma = \frac{a\phi}{l} \tag{3.17}$$

ここで ϕ は長さ l の丸棒がねじられた角を示し,ねじれ角と呼ばれる。ねじられている程度の評価には,単位長さ当りのねじれ角を用いる。これを比ねじれ角と呼び,次式で表される。

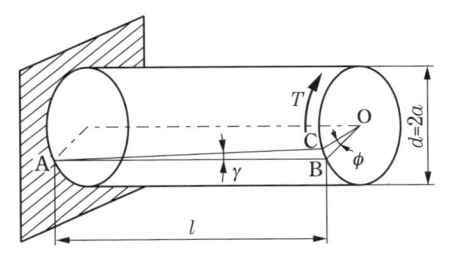

図 3.16 ねじりを受ける中実丸棒

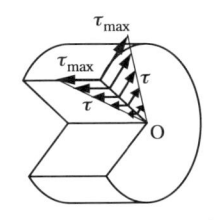

図 3.17 ねじり応力

$$\theta = \frac{\varphi}{l} \tag{3.18}$$

このようなせん断ひずみを生じているとき,断面にはねじり応力が生じる。このせん断応力は半径に比例して増加し,表面で最大となる(図 **3.17**)。丸棒の横弾性係数を G とすると,表面でのねじり応力は次式となる。

$$\tau_{\max} = G\gamma = Ga\theta \tag{3.19}$$

外部から作用するねじりモーメント T とねじり応力の関係は次式となる。

$$\tau_{\max} = \frac{16T}{\pi d^3} \tag{3.20}$$

3.8 応 力 集 中

引張りや圧縮において,構造部材中の応力は一様な分布をしているものとして扱ってきた。しかし,段付棒の段付部やリベット穴など,断面積の急変するところで応力分布は不均一になり,最大応力は平均応力に比べてかなり大きくなる。図 **3.18** に示すように,切欠部や穴部で最大応力が現れる。このような現象を**応力集中**(stress concentration)といい,設計などに際して十分な注意を払う必要がある。延性材料では応力集中が起こり,降伏してもひずみ硬

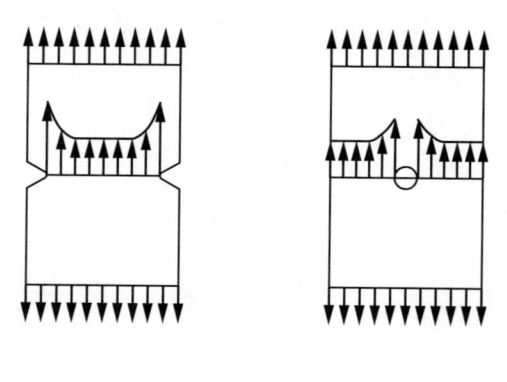

(*a*) 切欠部 　　　(*b*) 穴部

図 **3.18** 応 力 集 中

化によってすぐ破壊に結びつくとはかぎらないが，脆性材料はき裂の発生の原因となることがある。

3.9 疲　　　労

機械構造物は長時間の使用により破壊することがある。この破壊の多くは繰返し荷重による材料の疲労によるものである。荷重を繰り返しかけたりはずしたりした場合や，応力を交番させた場合に，静的荷重における材料の極限強さよりも小さい応力で材料の破壊が起こる。これを**疲労破壊**（fatigue fracture）といい，繰返し応力で材料の抵抗の減少する現象を**疲労**，または**疲れ**（fatigue）という。繰返しの負荷荷重が低下すると疲労破壊を起こさない限界の応力値があり，これを**疲労限度**（fatigue limit）または**耐久限度**（endurance limit）と呼ぶ（図 *3.19*）。

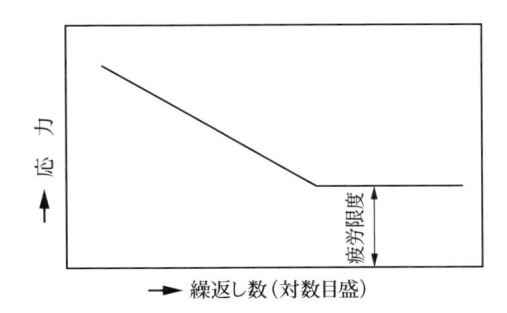

図 *3.19* S-N 曲線

3.10 クリープ

高温において材料に一定の荷重を加えると，時間とともにゆっくりとひずみが増加する。この現象を**クリープ**（creep）という。

3.11 座屈

 短い棒に圧縮荷重を作用させると圧縮変形を生じる。しかし，細長い棒に圧縮荷重を作用させると小さい荷重では圧縮変形を生じるが，ある値を超えると中央が曲がるような変形に変わる（**図 3.20**）。このようなまっすぐな細長い棒状の物体が突然曲がる現象を**座屈**（buckling）という。座屈は圧縮強度に比べてかなり小さな荷重で変形が大きくなるので，実際の構造物で非常に重要な問題である。

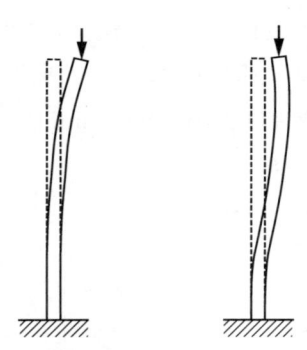

(a) 第一座屈モード　(b) 第二座屈モード

図 3.20 座屈

コーヒーブレイク

　実際の構造物は，一方向からだけ荷重がかかることより多方向から荷重がかかることのほうが多い。例えば，圧縮されているものをその圧縮荷重に垂直な方向で引張荷重をかけると破壊しやすくなる。逆に，圧縮がかかるときその物体は垂直方向に膨らむので，前もって膨らまないようにワイヤロープなどで縛ったり，リングで締めつけたりして，横方向に圧縮しておけばより強くなる。このようなものは補強材として利用されている。

　また，大きな構造物では自重を考える必要がある。小さな物体では無視して近似計算することも可能であるが，例えば10階建ての建物では，1階はその上の階すべての重量を支える必要がある。これは無視できない大きさである。自重でつぶれないような設計が必要となる。

演 習 問 題

【1】 直径 20 mm の丸棒に 100 N の引張荷重を加えたとき，棒の内部に生じる応力はいくらか。

【2】 問図 *3.1* のようなリベット接合において，リベットの直径を 10 mm，板を引張る力を 50 N とすると，リベットの断面に生じるせん断応力はいくらか。

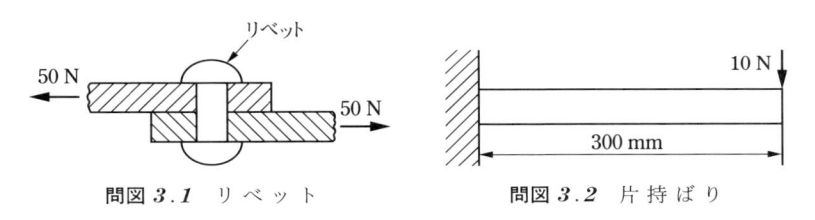

問図 *3.1* リベット　　　問図 *3.2* 片持ばり

【3】 直径 20 mm，長さ 3 m の軟鋼棒に 5 000 N の引張力を加えると伸びはいくらになるか。ただし，ヤング率は 206 GPa とする。

【4】 問図 *3.2* のような直径 20 mm，長さ 300 mm の片持ばりの先端に 10 N の横荷重がかかっている。固定端に発生する曲げ応力の最大値はいくらか。

4

水 力 学

本章では流体の工学的取扱いについて概説する。流体の流れは，上水・ガス・空調などの管路内流れ，下水や河川などの自由界面を持つ流れ，飛行機・鉄道車両・船舶まわりの流れはもちろん，地球規模で生じる海水や大気の流れから血液の流れに至るまで，広い範囲に及んでいる。流れは基本的には目に見えない現象である。そのため，流れを可視化する技術[9]も発展してきている。

4.1 水力学とは

4.1.1 流体と水力学

物質は固体・液体・気体の三つの形態を持っている。液体と気体は体積変化の様相に違いはあるものの，その挙動に関してほぼ同じような性質を示す。そのため液体・気体を総称して**流体**（fluid）と呼ぶ。われわれの身近にある代表的な流体には水や空気がある。**水力学**（hydraulics）は，流体を取り扱う工学分野で，経験と実験による知識をもとにして学問的に体系づけられている。これまで，理論的に体系づけられた**流体力学**（hydrodynamics）と区別されてきたが，近年両者は**流体の力学**または**流体工学**（fluid mechanics）として，一つにまとめて取り扱われる場合が多くなってきている。

4.1.2 静水力学と動水力学

身近な水について考えてみよう。グラスの中の水，バスタブに満たされたお湯，蛇口から出る上水などが思い浮かぶ。前者の二例では水は動かずにグラス

やバスタブの中で静止している。一方，蛇口から出る水は動いている。前者のように流体が静止しているか，または相対的に動いていない場合の取扱いを静水力学，後者のように流体が動いている場合の取扱いを動水力学という。

4.2 流体の性質

4.2.1 流体と固体

流体と固体の違いの一つは，定まった形を持つか持たないかである。「水は方円の器に随（したが）う」といわれるように，液体は自ら形を維持できない。気体も同様で，さらに自らかぎりなく膨張して広がるという性質を持っている。一方，焼き物や彫像を見てもわかるように，固体は定められた形を維持できる。

外力に対する挙動においても流体と固体では異なる。**図4.1**のように，水を封入した円筒容器を考える。ここで，ピストンは容器内を滑らかに動き，すき間からの水の漏れはないものとする。

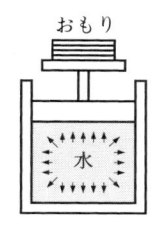

図4.1 封入された水と圧力

上部から荷重（図ではおもりの重量）を加えると，水の内部には**圧力**[†] (hydrostatic pressure または pressure) が発生する。この圧力による力によって水は荷重を支えることができる。すなわち，容器に封入された流体は圧力という形で外力に対して抵抗を示すことがわかる。圧力は，考えている面の向きによらず，流体中のどの方向においてもその値が一定になるという特性を示す。固体が外力に対して抵抗を示すことは経験的にわかる。固体は内部に発生する応力によって外力に対して抵抗を示す。この応力は，考える面の向きによ

[†] 流体中で単位面積当りに作用する力。運動している流体中においても定義できる。

ってその大きさが異なる。

4.2.2 流体の密度およびその他の物理的性質

流体の物理的性質の一つに**密度**（density）がある。流体の密度は物質を巨視的†にとらえたときに定義でき，次式で表される。

$$\rho = \frac{m}{V} \tag{4.1}$$

ここで，ρ は流体の密度，m は考えている流体の質量（mass），V は流体の体積を表している。固体の場合も同様に定義できる。物理学や工学の諸式においては，各量は必ず単位を持っていることに注意すべきである。例えば，式（4.1）では質量 m の単位[10]は kg であり，体積 V の単位は m³ である。新たに定義された密度 ρ の単位は，つぎのようにして求めることができる。kg，m を一つの記号とみなし，式（4.1）の右辺が示す各量の代わりにおのおのの相当する記号 kg，m³ を用いると kg/m³ となる。分母，分子に共通の記号が含まれる場合に約分して整理する必要がある。この例では約分の必要はなく，kg/m³ が密度 ρ の単位であることがわかる。

その他の物理的性質として，**表面張力**[11]（surface tension），**粘性**[12]（viscosity），**圧縮性**[13]（compressibility）などがある。粘性，圧縮性を持たない仮想的な流体を**理想流体**（ideal fluid）と呼ぶ。

表 4.1 に水と乾燥空気の密度 ρ と粘性係数 μ を示す。

表 4.1 標準気圧（101.3 kPa）における水と乾燥空気の密度 ρ，粘性係数 μ

水			乾燥空気		
温度〔℃〕	ρ〔kg/m³〕	μ〔Pa·s〕	温度〔℃〕	ρ〔kg/m³〕	μ〔Pa·s〕
0	999.8	1.792×10^{-3}	0	1.293	1.71×10^{-5}
10	999.7	1.307×10^{-3}	25	1.184	1.82×10^{-5}
20	998.2	1.002×10^{-3}	50	1.093	1.93×10^{-5}
30	995.7	0.797×10^{-3}	75	1.014	2.05×10^{-5}
40	992.2	0.653×10^{-3}	100	0.946	2.16×10^{-5}

---

† ここでは，物質を構成する分子の大きさに比べて十分大きいという意味。

例題 4.1 流体の物理的性質である粘性の指標を粘性係数といい，μ で表す。μ はニュートン流体の流れが直線的な速度分布を持つとき，せん断応力 τ 〔kg/(m·s²)〕，速度差 U〔m/s〕，距離 h〔m〕とつぎの関係がある。μ の単位を導け。

(粘性係数，ニュートン流体については 4.4.3 項〔2〕参照)

$$\tau = \frac{\mu U}{h} \tag{4.2}$$

【解答】 ここでは式 (4.2) の持つ意味については吟味せず，題意に従って μ の単位を求めることにする。与式の各量に各単位を記号とみなして代入すると

$$\frac{\text{kg}}{\text{m·s}^2} = [\mu] \frac{\text{m/s}}{\text{m}} \tag{4.3}$$

移項して整理することにより，粘性係数 μ の単位は kg/(m·s) となる。　　◇

4.3 静　水　力　学

4.3.1 静水の圧力と深さの関係

市販の紙パック入り牛乳をよく観察してみると，**図 4.2** に示すように，わずかではあるが紙パックの下部が膨らんでいることに気がつく。牛乳は液面からの深さが大きくなるほど，より大きな力を紙パックの壁に及ぼしているのである。一般にこの現象は「重力の作用の下で，流体内の圧力はその深さに比例して大きくなる」と表現できる。

この現象を式で表すとつぎのようになる。

$$p = \rho g h \tag{4.4}$$

ここで，p は流体中の任意点（図 **4.3** では点 A）の圧力，g〔m/s²〕は重力加速度[†]，h〔m〕は流体表面からの深さである。ρ〔kg/m³〕は流体密度で，ここでは**非圧縮性流体**（incompressible fluid）を考え一定としている。式 (4.4)

[†] 重力加速度の標準値は $g = 9.80665$ m/s²，中緯度に位置する日本では $g = 9.79789$ m/s² である。

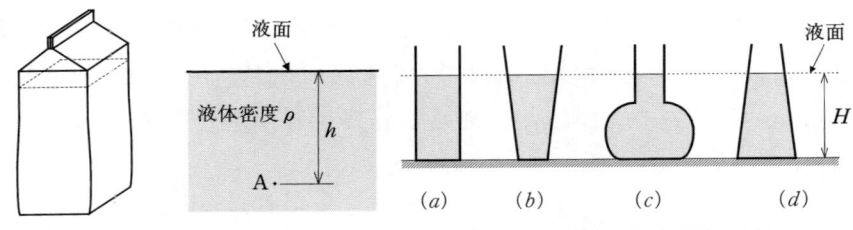

図4.2 紙パックの変形　　**図4.3** 液面からの深さと圧力　　**図4.4** 容器底面に作用する圧力

は，**図4.3**の点Aで考えた微小流体柱に作用する力の釣合いから導くことができる。

圧力pの単位はkg/(m·s^2)であるが，固有の名称としてPa（パスカル）が用いられる。また，前述のように，圧力は方向によらずその大きさが等しいという性質を持っている。式（4.4）は，流体の種類が決まると圧力pは深さhのみの関数であり，容器の形状によらないことを示している。これより，**図4.4**(a)〜(d)に示すように，種々の形の容器に深さHまで液体が入っている場合，各容器の底面に作用する圧力はすべて等しいことがわかる。

つぎに，**図4.4**の容器底面に作用する力について考えてみる。式（4.4）で示される圧力は，液体に接する容器壁に作用する圧力でもある。力の単位はkg·m/s^{2}であるが，固有の名称としてNが用いられる。力と圧力の関係は，単位の考察よりつぎのようになる。

$$[圧力] = \frac{\mathrm{kg}}{\mathrm{m \cdot s^2}} = \frac{\mathrm{kg \cdot m}}{\mathrm{s^2}} \frac{1}{\mathrm{m^2}} = \frac{\mathrm{N}}{\mathrm{m^2}} = \frac{[力]}{\mathrm{m^2}} \quad (4.5)$$

式（4.5）より単位面積（1m^2）当りに働く力が圧力であることがわかる。よって，この容器底面に作用する力P〔N〕は，底面の圧力$\rho g H$に底面積aを乗じてつぎのように求まる。

$$P = \rho g H a \quad (4.6)$$

圧力によるこの力を**全圧力**（total pressure）という。液面からの深さHは**ヘッド**（head）または水頭と呼ばれ，式（4.4）からヘッドは圧力と等価である

ことがわかる。これより圧力の意味でヘッドという用語が用いられる。また、エネルギーの意味で用いられることもある。

例題 4.2 図 4.4(b) に示す容器において $H=15\,\text{cm}$, 容器底面の直径 $d=6\,\text{cm}$ とする。容器底面に作用する全圧力を求めよ。ただし容器中の液体は4℃の水とする。

【解答】 容器底面に作用する全圧力を P とする。4℃の水の密度は $\rho_w=1\,000\,\text{kg/m}^3$ である。式 (4.6) より P は

$$P=\rho_w g H \frac{\pi d^2}{4}=1\,000\times 9.81\times 0.15\times \frac{\pi\times 0.06^2}{4}=4.16\,\text{N} \qquad \diamondsuit$$

図の容器内部に、直径が容器底面直径 d に等しく、高さが H の液体でできた円柱を考える。この円柱の体積は $H\pi d^2/4$ であるから、重量は $\rho_w g H \pi d^2/4$ となる。この重量を容器底面に作用する水重（すいじゅう）という。例題4.2の結果と比較すると、容器底面に作用する全圧力 P は、底面上の水重に等しいことがわかる。残りの液体部分の水重は傾斜した容器側壁に作用している。

4.3.2 大気圧と計測された圧力

われわれは普段、大気圏の最下層で生活している。そこでは式 (4.4) からわかるように、大気の層とその密度によって圧力が生じている。これを大気圧 (atmospheric pressure) と呼ぶ。ストローでグラスの中のジュースを吸い上げることができるのも、吸盤が壁にくっつくのも大気圧が存在するためである。

この大気圧は対流圏の活発な大気の動きによって変化するため、標準気圧が定められている。工学的圧力計測の基準は、計測時の大気圧および絶対ゼロ圧力である。**図 4.5** に工学的に使われる圧力の名称を示す。図中の「計測時の大気圧」は、ゲージ圧力ゼロの位置である。絶対圧（力）で表した標準気圧は

図4.5 圧力の名称

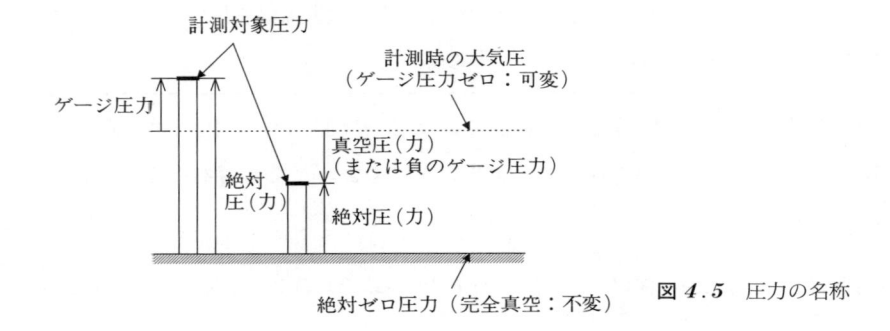

101.325 kPa であり，水銀柱 760 mmHg(0℃)[1]，水柱 10.3324 mH$_2$O(4℃)[2] がこれに相当する。

例題 4.3 760 mmHg(0℃) に相当する圧力をパスカル単位で表せ。0℃の水銀密度は $\rho_{Hg}=13.5951\times10^3$ kg/m^3 である。重力加速度は $g=9.80665$ m/s^2 を用いること。

【解答】 式 (4.4) より，760 mmHg(0℃) 相当の圧力 p_0 は
$$p_0 = 13.5951\times10^3\times9.80665\times0.760$$
$$= 101.325\times10^3 \text{ Pa} = 101.325 \text{ kPa}$$
◇

4.3.3 浮力とアルキメデスの原理

物体を液体中に浸すと，物体の体積に相当する液体の重量に等しい力が上向きに働く。この力を**浮力**（buoyancy）という。これは**アルキメデスの原理**（Archimedes' principle）としてよく知られている。なぜ浮力が生じるのかを式 (4.4) に基づいて考えてみよう。

図 4.6 に示すように，密度 ρ_L の液体中に密度 ρ_S，断面積 A（$=\pi d^2/4$，d：円柱直径），高さ h の円柱を考える。円柱の上面の圧力は $\rho_L g h_1$ であるから，円柱上面には下向きに $\rho_L g h_1 A$ の力が作用している。同様に円柱下面には

---

[1] 0℃の水銀柱 760 mm の意味。
[2] 4℃の水柱 10.3324 m の意味。mAq とも表記する。10 mH$_2$O(4℃) は工学単位の 1 気圧（1 at と表記する）に相当する。

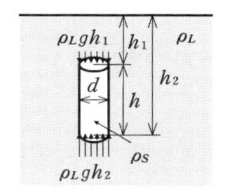

図 4.6 液体中の物体に作用する力

上向きに $\rho_L g h_2 A$ の力が作用している．よって，円柱にはこれら二つの力の差 $\rho_L g (h_2 - h_1) A$ が上向きに作用していることになる．円柱の体積は $hA = (h_2 - h_1) A$ であるから，この上向きの力は円柱の体積に相当する液体の重量に等しい．これより，浮力は物体に作用する圧力に基づく上下方向の力の差によって生じることがわかる．浮力は，液面に浮かんでいる物体にも作用する．また，空気中の物体にもわずかであるが浮力は作用している．

例題 4.4 グラスに満たされた牛乳の中に氷が浮かんでいる．空気中にある氷の体積は，氷の全体積の何%に相当するか．ここで，牛乳の密度を $\rho_L = 1.03 \, \text{kg/m}^3$，氷の密度を $\rho_S = 0.917 \, \text{kg/m}^3$ とする．また，空気中の浮力は考えないものとする．

【解答】 図 4.7 に示すように，氷の重量を W，全体積を V，空気中にある氷の体積を V' とする．氷の重量は $W = \rho_S g V$ で鉛直下向きに作用する．一方，氷が受ける浮力は $B = \rho_L g (V - V')$ で鉛直上向きに作用する．物体が水面に安定して浮かんでいるとき，自重と浮力の大きさは等しくかつその作用線は同一直線上にあるので，$W = B$ が成立する．よって

$$\rho_S g V = \rho_L g (V - V') \quad \therefore \quad \frac{V'}{V} = 1 - \frac{\rho_S}{\rho_L} = 1 - \frac{0.917}{1.03} = 0.110$$

空気中にある氷の体積は全体積の 11.0 % に相当することがわかる． ◇

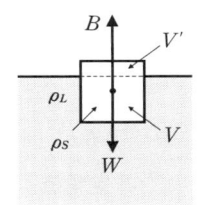

図 4.7 液面に浮かぶ氷

4.4 動水力学

流体が動いている場合の取扱いを動水力学という。流れには，大気の流れやホースから噴出した流れのように固体境界のない場合と，固体境界の存在する場合とがある。固体境界が存在する流れには，飛行機のように十分に広い空間内を物体が移動する場合，上水道のように水が管内を満たして流れる場合，下水道や河川のように水の一部が空気に触れて流れる場合などがある。

4.4.1 流れの表し方

透明アクリル製パイプ内の水流を考えてみよう。水は無色透明であるため，目視で流れの方向を決定することは難しい。このような見えない流れを議論する場合には，図を描くことが有効である。図 $4.8(a)$～(c) は管内を流体が流れている状況を描いたもので，図中の矢印は流れ方向を表している。このように流れをイメージすることによって，流れの理解を深めることができる。

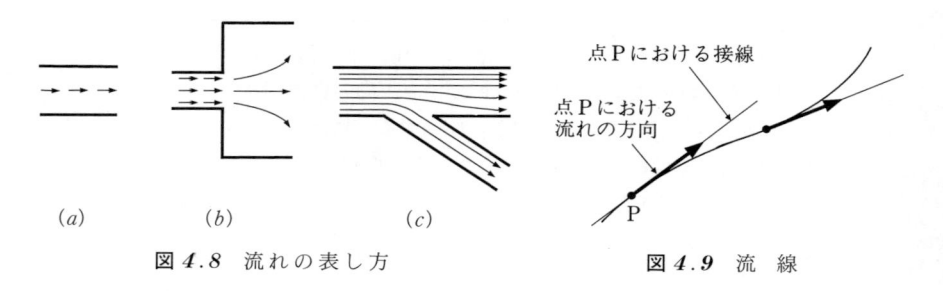

図 4.8 流れの表し方

図 4.9 流線

流れ中に描いた曲線で，その上の任意点における接線方向がその点での流れ方向と一致するものを**流線** (streamline) といい (図 4.9)，流線よりなる管を**流管** (streamtube) または流線管という。一般に，流れの諸量 (速度，圧力，密度など) は時間の経過と場所の両者に依存するが，時間経過に依存しない流れを**定常流** (steady flow)，依存する流れを**非定常流** (unsteady flow) という。また，速度の大きさと方向が場所に依存しない流れを**一様流** (uniform flow)という。

4.4.2 物理学の保存則と動水力学への応用

〔1〕 連続の式　物理学の質量保存則は，動水力学ではどのように表現できるか考えてみよう。図 4.10 に示すように，流管内を流れる定常流について質量を定義してみる。図中の矢印は，流れ方向と平均速度の大きさを示している。

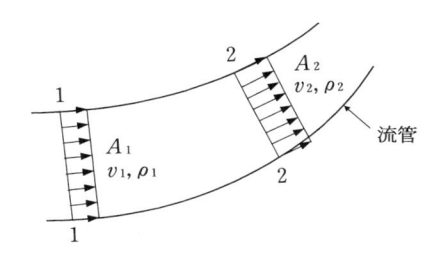

図 4.10　連続の式

流管内の任意断面を通過する流体の質量は，観測時間に従って変化する。観測時間が 2 倍になれば通過する質量も 2 倍になるので，動水力学においては観測時間を定めなければ質量を定めることができない。通常は，単位時間（1秒）に断面を通過する質量（単位は kg/s）を考える。

検査断面 1-1 の断面積を A_1，平均速度を v_1，密度を ρ_1 とすると，流体は単位時間に距離 v_1 だけ進むので，単位時間当りに検査断面 1-1 を通過する質量は $\rho_1 A_1 v_1$ となる。同様に検査断面 2-2 を通過する質量は $\rho_2 A_2 v_2$ となる。よって，動水力学における質量保存則はつぎのようになる。

$$\rho_1 A_1 v_1 = \rho_2 A_2 v_2 = 一定 \tag{4.7}$$

非圧縮性流体の場合は，$\rho_1 = \rho_2$ より次のようになる。

$$A_1 v_1 = A_2 v_2 = Q \;(= 一定)^\dagger \tag{4.8}$$

式 (4.7) および式 (4.8) を**連続の式** (equation of continuity) という。式 (4.7) の $\rho A v$ を**質量流量** (mass rate of flow)，式 (4.8) の $Q\,(=Av)$ を

---

† $Q = Av\,(= 一定)$ とも表記する。

体積流量 (volume rate of flow) または単に流量といい，単位はそれぞれ kg/s, m³/s である。

〔2〕 **ベルヌーイの定理**　物理学のエネルギー保存則は，動水力学ではどのように表現できるか考えてみよう。初めに落体の力学的エネルギー保存を考える。図 **4.11** (a)に示すように，質量 m の物体が自由落下する場合，落下に伴って速度エネルギーは増加し位置エネルギーは減少するが，空気抵抗を無視すれば，落下前($t=0$)に持っていたエネルギーの総和はどの瞬間($t=t$)においても一定である。すなわち

$$mgZ = \frac{mv^2}{2} + mgz = \frac{mV^2}{2} = \text{一定} \tag{4.9}$$

となる。上式の各項の単位は $J(=\text{N}\cdot\text{m})$ である。

つぎに，図(b)に示すように，水が連続的に落下している，固体境界のない

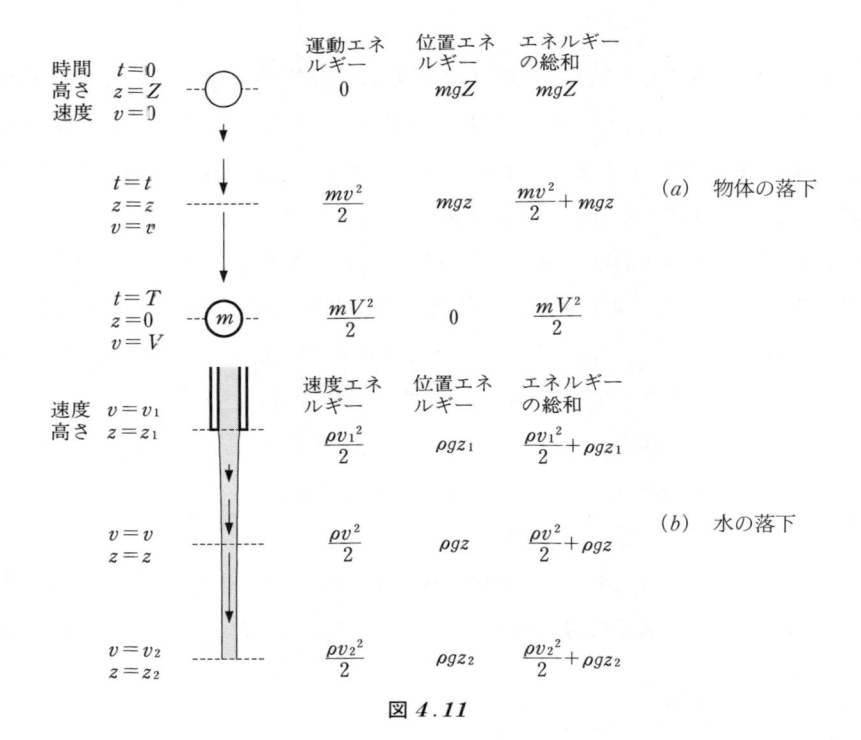

		運動エネルギー	位置エネルギー	エネルギーの総和	
時間 $t=0$ 高さ $z=Z$ 速度 $v=0$		0	mgZ	mgZ	
$t=t$ $z=z$ $v=v$		$\dfrac{mv^2}{2}$	mgz	$\dfrac{mv^2}{2}+mgz$	(a) 物体の落下
$t=T$ $z=0$ $v=V$		$\dfrac{mV^2}{2}$	0	$\dfrac{mV^2}{2}$	

		速度エネルギー	位置エネルギー	エネルギーの総和	
速度 $v=v_1$ 高さ $z=z_1$		$\dfrac{\rho v_1^2}{2}$	$\rho g z_1$	$\dfrac{\rho v_1^2}{2}+\rho g z_1$	
$v=v$ $z=z$		$\dfrac{\rho v^2}{2}$	$\rho g z$	$\dfrac{\rho v^2}{2}+\rho g z$	(b) 水の落下
$v=v_2$ $z=z_2$		$\dfrac{\rho v_2^2}{2}$	$\rho g z_2$	$\dfrac{\rho v_2^2}{2}+\rho g z_2$	

図 **4.11**

非圧縮定常流れを考える。水の粘性による摩擦や，飛沫となって失われるエネルギー損失を無視すると，エネルギー保存則は次式で表される。

$$\frac{\rho v_1^2}{2}+\rho g z_1=\frac{\rho v^2}{2}+\rho g z=\frac{\rho v_2^2}{2}+\rho g z_2=一定 \qquad (4.10)$$

上式の各項の単位は $J/m^3 (=Pa)$ であるから，各項は水の単位体積当りのエネルギーを表している。上水道のように水が管内を満たして流れる場合は，各断面の圧力は大気圧と異なるため，速度エネルギー，位置エネルギーに加えて圧力エネルギーを考慮する必要がある。

圧力がエネルギーと等価であることは，**図 4.2** の牛乳パックの側面にあけた種々の高さの孔から噴出する牛乳の勢いを観察すればわかる。すなわち，液面からの距離が大きく圧力が高いほど，孔からの流出速度は大きい。圧力は Pa の単位を持ち，これはまた上述のように単位体積当りのエネルギーを表している。よって，エネルギー損失のない理想流体に対して，**図 4.10** の検査断面 1-1 と 2-2 の間にはつぎのようなエネルギー保存則が成立する。

$$\frac{\rho v_1^2}{2}+p_1+\rho g z_1=\frac{\rho v_2^2}{2}+p_2+\rho g z_2=一定 \qquad (4.11a)$$

ただし，各検査断面の圧力をそれぞれ p_1, p_2，基準面からの高さを z_1, z_2，$\rho_1=\rho_2=\rho$ としている。式 (4.11a) の各項を単位重量当りのエネルギーで評価すると，次式のように表すことができる。

$$\frac{v_1^2}{2g}+\frac{p_1}{\rho g}+z_1=\frac{v_2^2}{2g}+\frac{p_2}{\rho g}+z_2=H(一定) \qquad (4.11b)$$

上式の各項の単位は m である。ここで，$v^2/2g$ を速度ヘッド，$p/\rho g$ を圧力ヘッド，z を位置ヘッド，H を全ヘッドと呼ぶ。式 (4.11) を**ベルヌーイの定理**（Bernoulli's theorem）といい，非粘性・非圧縮性流体の定常流において，重力の作用の下に1本の流線上で成立する。

例題 4.5 **図 4.12** に示す**ベンチュリ管**（Venturi tube）内を流体が流れている。断面 2-2 における平均速度 v_2 と圧力 p_2 を求めよ。ただし，流れは定常で，流体の粘性・圧縮性は無視する。また，圧力は管断面内で一様とする。

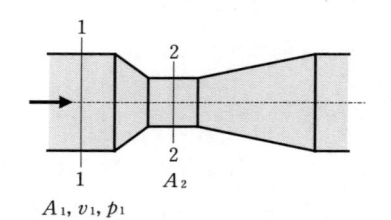

図 4.12 ベンチュリ管

【解答】 連続の式より断面2-2の速度は

$$v_2 = v_1 \frac{A_1}{A_2} \qquad (4.12)$$

一方,管軸を高さの基準にしたベルヌーイの定理はつぎのように表される。

$$\frac{\rho v_1^2}{2} + p_1 = \frac{\rho v_2^2}{2} + p_2 (= \text{一定}) \qquad (4.13)$$

式(4.12)を式(4.13)に代入して整理すると次式を得る。

$$p_2 = p_1 + \frac{\rho v_1^2}{2}\left(1 - \frac{A_1^2}{A_2^2}\right) \qquad (4.14)$$

ここで $A_1/A_2 > 1$ だから,式(4.12)より $v_2 > v_1$,また式(4.14)より $p_2 < p_1$ であることがわかる。　　◇

例題 4.6 密度 ρ の液体が満たされた断面積 A の円筒容器を考える(図4.13)。液面は大気に開放され,容器の側面に設けられた断面積 a のオリフィスから大気中に液体が噴出している。円筒容器内の液位は一定として,噴出平均速度と流量を求めよ。ただし,流れは定常で,流体の粘性,圧縮性は無視するものとする。

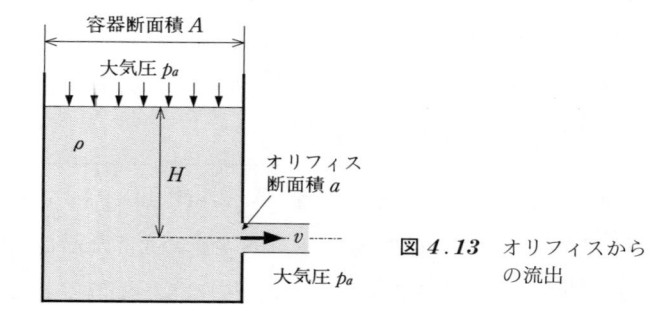

図 4.13 オリフィスからの流出

【解答】 **オリフィス**[†] (orifice) における高さ方向の速度差を無視し，中心の速度をオリフィス断面の平均速度として用いることにする．また，噴流中の圧力は大気圧に等しいものと仮定する．オリフィス中心を高さの基準にとり，大気圧を p_a とする．液位は一定であるから，液面の降下速度はゼロである．タンク内の液面とオリフィス出口にベルヌーイの定理を適用すると

$$\frac{p_a}{\rho g} + H = \frac{v^2}{2g} + \frac{p_a}{\rho g} \quad \therefore \quad v = \sqrt{2gH}$$

上式は**トリチェリ**（Torricelli）**の定理**として知られている．流量は

$$Q = av = a\sqrt{2gH} \quad \diamond$$

実在流体では，粘性による内部摩擦，速度の不均一や縮流により理想的な場合に比べて流量が減少する．これを補正するため，**流量係数**（coefficient of discharge）C_d を用いて次式のように表す．

$$Q = C_d a\sqrt{2gH}$$

4.4.3 エネルギー損失のある流れ

〔**1**〕 **ベルヌーイの定理の拡張** 連続の式は，流れている流体のエネルギー損失の有無にかかわらず成立する．一方，式 (4.11) で表されるベルヌーイの定理は，エネルギー損失がないと仮定した場合にのみ成立する．エネルギー損失の生じる実在流体の流れでは式 (4.11) を適用できないが，失われたエネルギー分を式中で考慮することにより，実在流体に対してもベルヌーイの定理を拡張して用いることができる．実在流体のエネルギー損失は，おもに粘性による内部摩擦，外部摩擦に起因する．

図 **4.10** において実在流体の流れを考え，検査断面 1-1 から 2-2 に流れる間に Δh [m] の損失ヘッドが生じるものとする．各断面間のエネルギーの関係は

$$\frac{v_1^2}{2g} + \frac{p_1}{\rho g} + z_1 > \frac{v_2^2}{2g} + \frac{p_2}{\rho g} + z_2 \tag{4.15}$$

[†] 幾何学的形状を持ち，そこから流体が噴出する小孔をいう．

となる。検査断面2-2では1-1より Δh 分ヘッドが小さいことを考慮して

$$\frac{v_1^2}{2g}+\frac{p_1}{\rho g}+z_1=\frac{v_2^2}{2g}+\frac{p_2}{\rho g}+z_2+\Delta h \qquad (4.16)$$

と表記できる。これが，損失を考慮したベルヌーイの式である。外部からエネルギー供給のある場合も同様に取り扱うことができる。

例題 4.7 内径一定の水平管内を密度 ρ の実在流体が平均速度 v で定常的に流れている（**図 4.14**）。断面1-1と断面2-2間の損失 Δh を次式で表す。

$$\Delta h=\lambda\frac{l}{d}\frac{v^2}{2g} \qquad (4.17)$$

λ と圧力差 (p_1-p_2) の関係を調べよ。ただし，λ：管摩擦係数（pipe friction coefficient），l：断面間の距離，d：管内直径である。

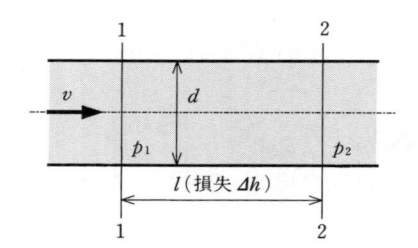

図 4.14 損失のある流れ

【解答】 損失を考慮したベルヌーイの式は

$$\frac{p_1}{\rho g}=\frac{p_2}{\rho g}+\Delta h \qquad \therefore \quad \Delta h=\frac{p_1-p_2}{\rho g} \qquad (4.18)$$

よって以下の関係が得られる。

$$\lambda=\frac{d}{l}\frac{p_1-p_2}{\rho v^2/2}$$

$\Diamond$

式（4.17）を**ダルシー・ワイスバッハの式**（Darcy-Weisbach equation）という。λ は直管における損失ヘッドの指標で，単位を持たない無次元数である。式（4.18）からわかるように，内径一定の水平管においては連続の式により速度が一定となるため，流体の圧力ヘッドが減少する。直管の摩擦損失以外にも，管路には種々の要因でヘッド損失が生じる。このときの損失ヘッドは

次式で表される。

$$\Delta h = \zeta \frac{v^2}{2g} \quad (4.19)$$

ここで，ζ は損失係数と呼ばれ，λ と同様に無次元数である。

〔2〕 粘性係数，層流と乱流 ニュートン（Isaac Newton）は，天体運動に対する空間の抵抗の考察から，粘性に起因する流体中のせん断応力と速度こう配の間に比例関係があることを見出した。

図 4.15 は，縦軸に流れと垂直方向の距離を，横軸に速度の大きさをとって流れの速度変化の様相を示したものである。図中の太い曲線は，速度の大きさを表す矢印の先端（A〜D）をつないで得られる仮想的な線で，これを速度分布曲線という。この曲線上の任意点 P における速度こう配を k†とすると，流体中のせん断応力 τ は次式で表される。

$$\tau = \mu k \quad (4.20)$$

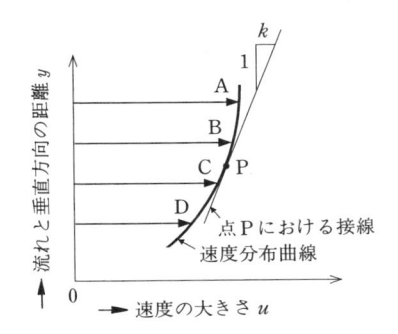

図 4.15 速度分布曲線と速度こう配

上式の比例定数 μ〔Pa・s または kg/m・s〕を**粘性係数**（coefficient of viscosity）という。粘性係数を流体の密度で除した μ/ρ を ν〔m²/s〕で表し，これを**動粘性係数**（coefficient of kinematic viscosity）という。また，式（4.20）は**ニュートンの粘性法則**（Newton's law of viscosity）と呼ばれ，この式に従う流体を**ニュートン流体**（Newtonian fluid），従わない流体を**非ニュー**

---

† 微分学では du/dy と表記する。速度こう配は，**図 4.15** を左 90°回転させた後，裏側から透かして見たときの速度分布曲線における接線の傾きである。

トン流体[14]（non-Newtonian fluid）という。

　損失ヘッドの大きさは，流れの状態によっても異なる。流れの状態は大きく二つに分類される。すなわち，流体の隣り合った部分がたがいに層状をなして流れる**層流**（laminar flow）と，流体塊がある範囲でたがいに混ざり合い，空間的にも時間的にも不規則に流れる**乱流**（turbulent flow）である。一般に速度が小さい場合には層流，大きい場合には乱流になるが，流体の種類や管の内径によっても異なる。

　レイノルズ（Osborne Reynolds）は，円管内の実験において，次式で示される無次元数によって流れの状態が特徴づけられることを見出した。

$$Re = \frac{vd}{\nu} \qquad (4.21)$$

ここで，v は管内平均速度，d は円管の内径（直径）である。上式の Re を**レイノルズ数**（Reynolds number）という。この値が等しいとき，流体の種類，管内径や速度によらず流れは力学的に相似になる。一般にレイノルズ数は，流れの代表速度 V，代表長さ L，および動粘性係数 ν を用いて次式のように表される。

$$Re = \frac{VL}{\nu} = \frac{慣性力}{粘性力} \qquad (4.22)$$

これより，レイノルズ数の小さい層流は慣性力よりも粘性力の方が支配的な流れ，レイノルズ数の大きい乱流は慣性力支配の流れであることがわかる。

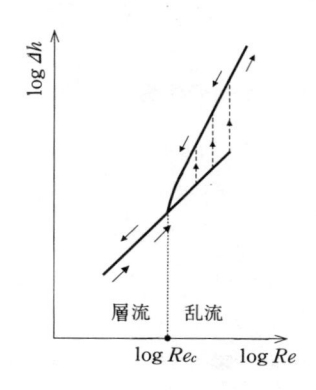

図 4.16 円管内の損失ヘッド

層流，乱流という二つの流れ状態が遷り変わる（遷移する）ときのレイノルズ数を，**臨界レイノルズ数**（critical Reynolds number）と呼ぶ。円管内の流れにおける下限臨界レイノルズ数[†]（lower critical Reynolds number）は，$Re_c = 2\,320$（L. Schiller による）である（図 **4.16**）。

例題 4.8 円管内層流の管摩擦係数は $\lambda = 64/Re$ で表される。管の単位長さあたりのヘッド損失 $\Delta h/l$ は管内平均速度 v に比例することを示せ。流体の密度を ρ，粘性係数を μ とする。

【解答】 $Re = vd/\nu = \rho v d/\mu$ より $\lambda = 64\mu/\rho v d$ となる。式 (4.17) より

$$\frac{\Delta h}{l} = \frac{64\mu}{\rho v d}\frac{1}{d}\frac{v^2}{2g} = \frac{32\mu}{\rho g d^2}v$$

管路の幾何形状と流体の種類が決まれば $32\mu/\rho g d^2$ は一定である。よって，$\Delta h/l$ は管内平均速度 v に比例することがわかる。　　　　　　　　　　　　　◇

式 (4.20) は，隣り合う流体部分の速度差によってせん断応力が生じることを示し，粘性力支配の層流に適用できる。慣性力支配の乱流においては，さらに流体混合や時間変動による応力が付加される。また，十分発達した乱流では，式 (4.20) の適用できる範囲は個体壁面近傍の速度の小さいところに限定される。乱流の混合作用や時間変動に起因する応力を**レイノルズ応力**（Reynolds stress）と呼ぶ。レイノルズ応力については，式 (4.20) と同様に速度こう配に関連づけたモデルや，数値計算に適用できる種々のモデル[15]が提案されている。

4.5 流 体 抵 抗

4.5.1 物体の抗力と抗力係数

風に押されて歩みが進んだり，また向かい風で歩きにくかったりといったことは誰しも経験している。このように，実在流体中に物体を置くと物体は流れ

[†] 層流～乱流の遷移現象はヒステリシスを描く（図 **4.16** 参照）。層流から乱流へ遷移するレイノルズ数は実験条件によって異なるが，乱流から層流へのそれは一定値を示す。

から力を受ける。流れ方向に受けるこの力を**流体抵抗**（fluid resistance）または**抗力**[†]（drag）という。

図 **4.17** に示すように，一様流中に置かれた断面が円形の2次元物体を考える。ここでいう「2次元（two-dimensional）」とは，図示の断面形状の物体が紙面に垂直方向に無限の長さを持つ場合をいう。この円柱表面の微小部分には，垂直に作用する圧力に微小部分の面積を乗じた全圧力と，接線方向に作用するせん断応力に微小面積を乗じたせん断力が働いている。抗力は，これらの力の流れ方向の成分を全表面積について寄せ集めた（積分した）値である。

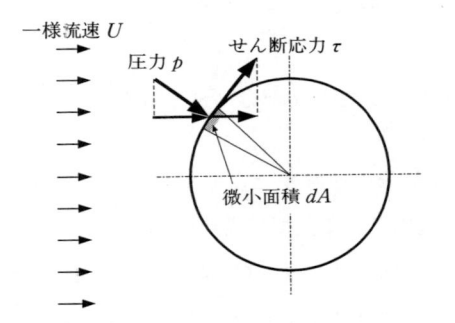

図 **4.17** 2次元円柱に作用する力

圧力に起因する抗力を**圧力抗力**（pressure drag）または**形状抗力**（form drag），せん断応力に起因する抗力を**摩擦抗力**（skin-friction drag または viscous drag）という。よって物体の全抗力 D は，圧力抗力を D_p，摩擦抗力を D_f として次式のように表される。

$$D = D_p + D_f \tag{4.23}$$

また，基準面積を A，流体密度を ρ，一様流速を U として，次式で表される C_D を**抗力係数**（coefficient of drag）という。

$$C_D = \frac{D}{A\rho U^2/2} \tag{4.24}$$

C_D 値は，単位基準面積当りの全抗力を無次元化した値である。基準面積 A に

[†] 流れと垂直方向の力を揚力（lift）という。

は，図 4.18 (a) に示すように抗力の大部分が摩擦抗力の場合は摩擦にかかわる面積を，それ以外の場合（図 (b)，(c)）は流れ方向の投影面積を採用する。3 次元物体についても同様に定義することができる。

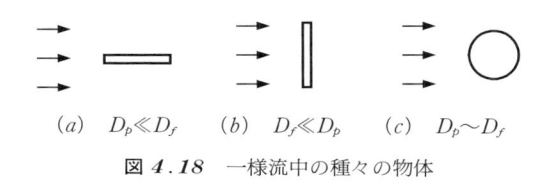

$(a)\ D_p \ll D_f$　　$(b)\ D_f \ll D_p$　　$(c)\ D_p \sim D_f$

図 4.18　一様流中の種々の物体

例題 4.9　図 4.19 に示すように，幅 $l=1.8\,\mathrm{m}$，高さ $b=0.36\,\mathrm{m}$ の看板を取りつけた車が $U=60\,\mathrm{km/h}$ で走行している。看板を取りつけない場合に比べて，車の抗力はどれほど増加しているか。流れに垂直に置かれた平板の抗力係数は，$Re>10^4$ において $l/b>4$ のとき $C_D=1.2$ である。空気の密度を $\rho=1.21\,\mathrm{kg/m^3}$，動粘性係数を $\nu=1.51\times10^{-5}\,\mathrm{m^2/s}$ とし，看板まわりの流れに及ぼす車体の影響は無視する。

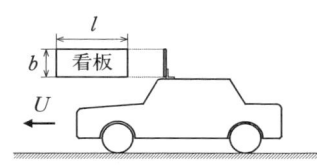

図 4.19　車の抗力の増加

【解答】　看板の幅を代表長さにとったレイノルズ数は

$$Re=\frac{Ul}{\nu}=\frac{60\times10^3\times1.8}{3\,600\times1.51\times10^{-5}}=1.99\times10^6>10^4$$

$l/b=5>4$ であるから $C_D=1.2$ を採用する。式 (4.24) より

$$D=C_D A\frac{\rho U^2}{2}=1.2\times1.8\times0.36\times1.21\times\left(\frac{60\times10^3}{3\,600}\right)^2/2=1.31\times10^2\,\mathrm{N} \qquad \Diamond$$

4.5.2　2 次元物体まわりの流れと抗力

実在流体の流れ中におかれた物体の表面では，流体と物体の相対速度はゼロと考えることができる。一方，物体表面から十分離れた場所では，流れは物体

の影響を受けない。その結果，図 **4.20** に示すように，物体表面近傍には速度こう配のきわめて大きな薄い層ができる。この層を**境界層**[16,17]（boundary layer），その外側の流れを主流と呼ぶ。

図 **4.20** 境 界 層

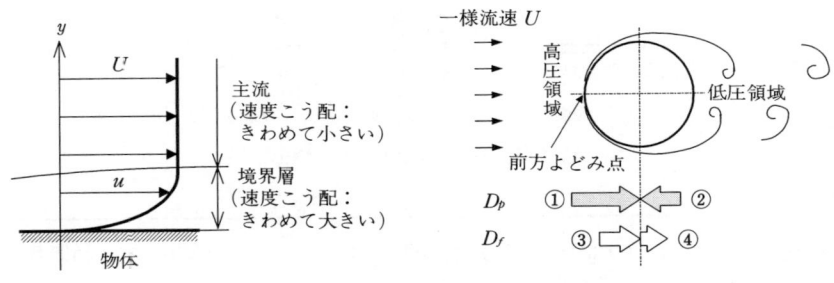

図 **4.21** 2次元円柱まわりの流れと抗力

図 **4.21** に一様流中におかれた2次元円柱まわりの流れの様相を示す。流れが円柱上を進むにつれて境界層はエネルギーを失い，やがて円柱表面からはがれ（**はく離**：separation）物体後方に渦を形成する。その結果，物体後方には低圧部が形成される。図中の矢印①〜④は，このときに生じる円柱前後の圧力抗力 D_p と摩擦抗力 D_f の大きさを模式的に示している。①〜④の各抗力の合計が円柱に作用する全抗力である。圧力抗力②は，理想流体では大きさが①

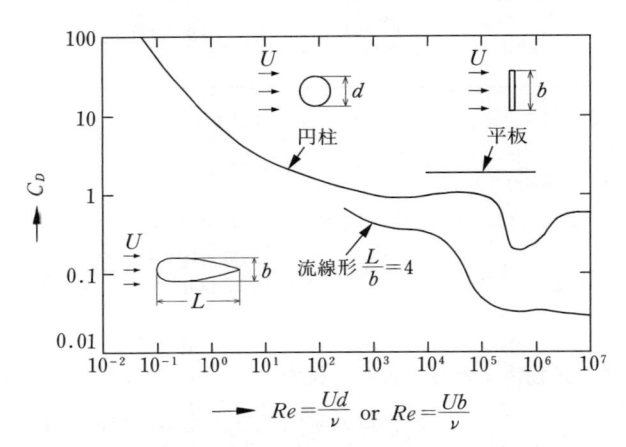

図 **4.22** 2次元物体の抗力係数とレイノルズ数の関係

と等しくなるが，実在流体でははく離が生じるためつねに①より小さくなる。物体の抗力を軽減させるためには，②の抗力を大きくし，①，③，④の抗力を小さくする必要がある。

図 **4.22** に 2 次元の円柱，流線形および平板の抗力係数とレイノルズ数の関係を示す。円柱は $Re<1$ では境界層はほとんどはく離せず，したがって抗力は大部分が摩擦によるものである。$Re>1$ でははく離が生じ，抗力は摩擦抗力と圧力抗力の和になる。円柱の抗力係数が $Re=2\times10^5\sim5\times10^5$ で急激に

コーヒーブレイク

無次元数の効用

「流れ」の理解において「無次元数[18,19] (dimensionless parameter)」は非常に有効である。ほかの分野に比べて流体では相似則が成立しやすく，そこからたくさんの重要な情報が得られるのである。中でもレイノルズ数（以下 Re 数）は，最も重要でよく使われる無次元数である。無次元数を用いることによって理解が深まる例を挙げてみよう。

「細胞のつくり」で学んだゾウリムシやミドリムシは，繊毛や鞭毛を使って泳いでいる。彼らはなぜイルカや魚のような泳ぎ方をしないのか？ なぜ魚のように泳ぐ形質を進化の過程で獲得しなかったのか？ それを探るために彼らは「水」をどのように感じ取っているのか調べてみよう。

ヒトがイルカやゾウリムシが感じている水の感覚を体験することはできないが，Re 数を用いて推測することは可能である。イルカが海中を泳ぐときの Re 数は，体長 2.5 m，巡航速度 35 km/h として，約 2.13×10^7 である。ゾウリムシが泳ぐときは，体長 0.3 mm，進行速度 200 mm/h として，約 1.46×10^{-2} になる。また，ヒトが水中を泳ぐときは約 10^6 のオーダである。Re 数が小さいということは，式 (4.22) より（ヒトがその感覚を体験することを前提にしているので，代表速度や代表長さはヒトと同じと考えて）動粘性係数が大きいということである。逆に Re 数が大きいということは，動粘性係数が小さいということである。

上述の計算結果より，ゾウリムシは水をかなり粘り気の強い液体と感じていることがわかる。ゾウリムシにとって水の中を泳ぐということは，ヒトがミズアメの中を泳ぐようなものなのかもしれない。彼らは「ねばい水」の中を最も効率よく泳ぐ方法を知っているのである。一方，イルカは水をヒトと同じ程度に感じていることも計算結果から推測できる。

小さくなっているのは，層流状態ではく離した境界層が乱流に遷移し，乱流の混合作用により境界層が主流のエネルギーを得て円柱表面に再付着（reattachment）するためである。

境界層が層流状態ではく離する場合（層流はく離）のはく離点は，前方よどみ点から約78度，乱流に遷移した後はく離する場合（乱流はく離）のそれは約130度である。また，物体後方の圧力は乱流はく離のほうが層流はく離の場合より高くなる。はく離点の後方への移動および円柱後方の顕著な圧力上昇により，図 *4.21* で示した②の抗力が増大し，C_D 値が劇的に減少するのである。$Re>3.5×10^6$ では，境界層ははく離の前に乱流に遷移する。このときのはく離点は約103度である。

演 習 問 題

【1】 比重について，その定義と単位について調べよ。

【2】 式（4.4）を参考にして圧力の単位を導け。

【3】 ストローでグラスの中のジュースを吸い上げるとき，大気圧がどのように作用しているか考えよ。

【4】 工学単位の1気圧（1 at）は $10\,\mathrm{mH_2O}$ 4℃である。これを Pa で表せ。

【5】 管路のヘッド損失について，直管の摩擦損失以外の要因について調べよ。

5

熱 力 学

　ガソリンエンジンやディーゼルエンジン,ガスタービンや蒸気タービンはどのような原理で熱から動力を取り出しているのだろうか。熱効率や熱の有効利用はどのような概念で考えられているのであろうか。ここでは,熱と仕事との関係,熱を仕事に転換する作動流体,熱を仕事に変換するサイクルなど,工業熱力学の基礎的事項や基本的な考え方について概説する。

5.1 温 度 と 熱

　熱は温度変化と関係して認識されることが多いので,まず温度について述べ,つぎに熱量,比熱,熱容量,顕熱と潜熱の順に説明する。

5.1.1 温　　　度

　物体の温かさ,冷たさを定量的に表す尺度を**温度** (temperature) という。温度目盛には,**摂氏温度目盛** (Celsius scale) と**華氏温度目盛** (Fahrenheit scale) がある。摂氏温度を t〔℃〕,華氏温度を t_F〔°F〕とすると,両者にはつぎの関係がある。

$$t=\frac{5}{9}(t_F-32) \ [℃] \tag{5.1}$$

　また,熱力学では,**絶対温度** (absolute temperature) T〔K〕(ケルビン,kelvin) が用いられる。摂氏温度との関係は

$$T=t+273.15 \ [K] \tag{5.2}$$

である。絶対零度 0 K は -273.15 ℃ であり,それより低い温度は存在しない。

なお，℃ と K は温度の刻み幅は同じであるから温度の差は同一であり，温度差 1℃＝温度差 1K である。

5.1.2 熱量の定義

標準大気圧（760 mmHg）のもとで，質量 1 kg の純水の温度を 1℃ 上昇させるのに要する熱量を 1 kcal（キロカロリー）という。この熱量は温度によってわずかに異なるが，一般工業用には問題となる差異ではない。次節で述べるように，熱はエネルギーの一形態であるので，SI 単位系では〔J〕（ジュール）とか〔kJ〕（キロジュール）の単位で表され，1 kcal＝4.187 kJ である。

また，フィート・ポンド単位系では，Btu（British thermal unit）という熱量単位も用いられてきた。1 Btu＝0.252 kcal である。

5.1.3 比熱と熱容量

質量 1 kg の物体の温度を 1℃（あるいは 1K）上昇させるのに要する熱量は，物体の種類によって一般に異なる。これを物体の**比熱**（specific heat）といい，記号は小文字の c〔kJ/(kg・K)〕で表す。比熱は一般には温度の関数であるので，実際に工業的な計算を行うときは，対象とする温度範囲での**平均比熱**（mean specific heat）を用いる。特に指定しないかぎり平均比熱である。

比熱を用いると，図 5.1 に示すように質量 m〔kg〕の物体の温度を t_1〔℃〕から t_2〔℃〕まで上昇させるのに要する熱量 Q〔kJ〕は，次式となる。

$$Q = mc(t_2 - t_1) = mc(T_2 - T_1) \tag{5.3}$$

この式は，物質の質量，比熱，温度変化と加熱量との間の関係を定量的に表現している重要な式である。なお，物体が冷却される場合には Q は負の値を持

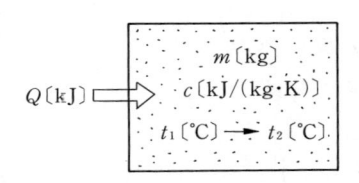

図 5.1 加熱量，比熱と温度上昇

つ。

質量 m〔kg〕の物体に微小熱量 dQ〔kJ〕が加えられたとき，物体の温度が微小量 dt〔℃〕だけ上昇したとすれば，式（5.3）は微分表現となり

$$dQ = mcdt = mcdT \tag{5.4}$$

と表される。

気体の比熱は体積一定の場合と圧力一定の場合とでは値が異なるので，前者を**定容比熱**（specific heat at constant volume）c_v，後者を**定圧比熱**（specific heat at constant pressure）c_p と区別する。c_p のほうが c_v より大きい。固体や液体ではその差はほとんどないので特に区別はしない。

物体 m〔kg〕の温度を1℃（あるいは1K）上昇させるのに要する熱量を物体の**熱容量**（heat capacity）という。記号を大文字の C とすると

$$C = mc \quad 〔kJ/K〕 \tag{5.5}$$

海水，大気，大河などは，質量が莫大であるから熱容量はきわめて大きく，多少の熱を加えても奪っても，それらの温度はほとんど変化しない。熱力学では，熱容量が無限大で，熱の授受により温度が変化しない物体を考えてこれを**熱源**（heat source）と呼んでいる。

5.1.4 顕熱と潜熱

圧力一定のもとで水を加熱するとき，沸騰するまでは温度が上昇し，沸騰中は温度は変化しない。このように温度変化として現れる熱を**顕熱**（sensible heat）といい，温度変化として現れない熱を**潜熱**（latent heat）という。一般に，液体，気体，固体間で**相変化**（phase change）が生じている場合には温度は変化せず，熱は相変化に使われている。工業熱力学では，蒸気機関や冷凍機などで相変化を伴う状態変化を扱うので，顕熱とともに潜熱が重要になる。

5.2 圧力と仕事

工業熱力学で扱う仕事は圧力を介してなされるので，まず圧力について述

べ，つぎに仕事について説明する。

5.2.1 圧　　力

図 5.2 で面積 A 〔m²〕の面に力（force）F 〔N〕（ニュートン）が働けば，圧力 p は

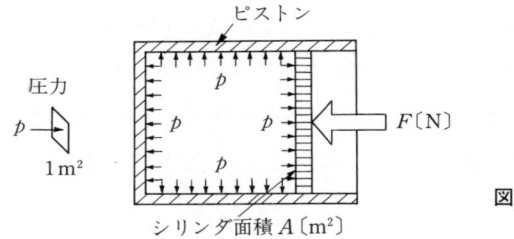

$$p = \frac{F}{A} \quad [\text{N/m}^2](=[\text{Pa}],\ \text{パスカル}) \tag{5.6}$$

図 5.2　圧　力

である。このほかに圧力の単位として，つぎのような単位が用いられる。

　　　1 bar（バール）＝ 10^5 Pa
　　　1 at（**工業気圧**）＝ 1 kgf/cm² ＝ 98.1 kPa（キロパスカル）
　　　1 atm（**標準大気圧**）＝ 760 mmHg ＝ 760 Torr（トル）
　　　　　　　　　　　　　＝ 101.325 kPa
　　　　　　　　　　　　　＝ 1 013.25 hPa（ヘクトパスカル）

ボンベ内のように大気圧より高い圧力は**圧力計**（pressure gauge）で測定し，復水器内のように大気圧より低い圧力は**真空計**（vacuum gauge）で測定する。これらの圧力は，**大気圧**（atmospheric pressure）を基準に測定され，前者は**ゲージ圧**（gauge pressure），後者は**真空圧**（vacuum pressure）という。これらに対して，真空状態を基準にする圧力は**絶対圧**（absolute pressure）といい

$$\left.\begin{array}{l}絶対圧＝大気圧＋ゲージ圧\\絶対圧＝大気圧－真空圧\end{array}\right\} \tag{5.7}$$

の関係にある。なお，大気圧は**気圧計**（barometer）で測定する。

5.2.2 仕　　事

力 F [N] あるいは [kgf] に抗して x [m] だけ物体を動かしたとき

$$L = Fx \quad [\text{N·m}](=[\text{J}]) \text{ あるいは} [\text{kgf·m}] \tag{5.8}$$

だけ**仕事**（work）L をしたという。

単位時間当りの仕事を**動力**（power）といい，単位は [W]（ワット），[PS]（馬力）などを用いる。

$1\,\text{W} = 1\,\text{J/s}, \quad 1\,\text{kW} = 1\,\text{kJ/s}$

$1\,\text{PS} = 75\,\text{kgf·m/s} = 75 \times 9.807\,\text{J/s} = 735.5\,\text{W}$

〔**1**〕　**絶　対　仕　事**　　図 5.3 に示すように，高圧ガス m [kg] がピストンとシリンダに閉じ込められており，状態 1（圧力 p_1，体積 V_1，絶対温度 T_1）から状態 2（圧力 p_2，体積 V_2，絶対温度 T_2）まで膨張変化し，ピストンの位置が x_1 から x_2 まで移動したとする。このときガスがピストンを介して外にする仕事を求める。ガスの圧力 p を体積 V に対して示した図を p-V 線図といい，

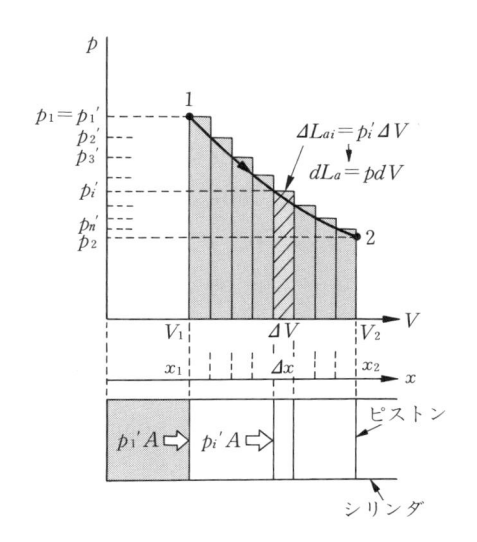

図 5.3　絶対仕事

ガスがなす仕事を考えるのに便利である。

いま，x_1 から x_2 間を n 等分して，ピストンが $\Delta x = (x_2 - x_1)/n$ ずつ小刻みに n 回移動したとする。1 移動の間は圧力は一定であるとし，それぞれの区間の圧力を $p_1'(=p_1)$, p_2', …, p_i', …, p_n' とする。それぞれの区間でガスがピストンを押して外になす仕事は，ピストンの面積を A 〔m²〕とすると

$$p_1' A\Delta x, \quad p_2' A\Delta x, \quad \cdots, \quad p_i' A\Delta x, \quad \cdots, \quad p_n' A\Delta x$$

である。ここで，$A\Delta x$ は1区間での体積変化量であるので，ΔV とおくと，全区間での仕事の総和は

$$\begin{aligned} L_a &= p_1' \Delta V + p_2' \Delta V + \cdots + p_i' \Delta V + \cdots + p_n' \Delta V \\ &= \sum p_i' \Delta V \end{aligned} \tag{5.9}$$

となる。これは p-V 線図で網掛け部の面積を表している。

分割をもっと細かくして，無限個に分割すると，さらに正確な値が得られるであろう。このように分割を無限大にして式 (5.9) の値を求めることを積分という（付録 $A.2$ 参照）。すなわち

$$L_a = \lim_{n \to \infty} \sum_{i=1}^{n} p_i' \Delta V = \int_{\text{状態1}}^{\text{状態2}} p dV \quad 〔\text{J}〕 \tag{5.10}$$

である。この積分値は図において 1-2-V_2-V_1-1 で囲まれる面積であり，これを**絶対仕事**（absolute work）あるいは**膨張仕事**という。このようにして，ガスがピストンを介して外になす仕事を求めることができる。

積分の下限と上限を表す状態1と状態2は，簡単のため 1, 2 と表すことにする。実際には，変数により V_1, V_2 であったり，p_1, p_2 であったりする。

ガス1kg 当りの絶対仕事は $l_a = L_a/m$ で表す。微分表現（付録 $A.1$ 参照）では

$$dL_a = pdV \quad 〔\text{J}〕, \qquad dl_a = pdv \quad 〔\text{J/kg}〕 \tag{5.11}$$

ここに，v はガス1kg 当りの体積で，**比体積**（specific volume）という。

$$v = \frac{V}{m} \quad 〔\text{m}^3/\text{kg}〕 \tag{5.12}$$

この逆数は**密度**（density）ρ〔kg/m³〕で，1 m³ 当りの質量を表す。

〔**2**〕**工　業　仕　事**　図 **5.4** に示すように，シリンダヘッドに吸入弁 a と排出弁 b が付いていてガスの流入，流出がなされる場合を考える。最初にピストンは左端にあり，ガスはまったく入っていない状態からつぎのように①→②→③→①と作動する。

① 弁 b は閉じて弁 a が開き，圧力 p_1 の高圧ガスが m〔kg〕流入し，ピストンを右方に押して V_1 の体積を占める。

② 弁 a が閉じて，ガスが状態 2（圧力 p_2，体積 V_2）まで膨張する。

③ 弁 b が開いて圧力 p_2 の低圧ガスを全部，すなわち体積 V_2 を外に押し出す。

この 3 過程で，ガスがピストンを介して外になす仕事を求める。

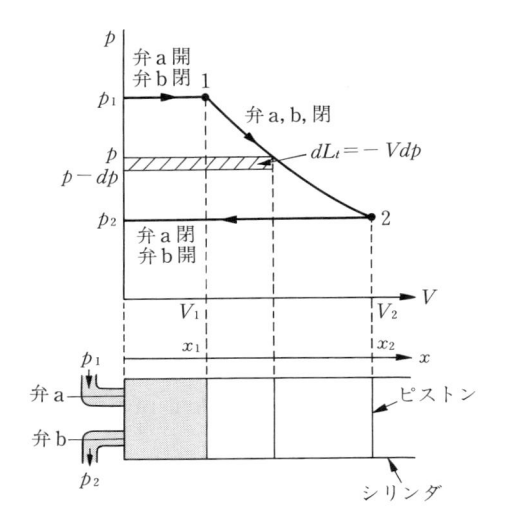

図 **5.4**　工業仕事

①の流入過程では，ガスは圧力 p_1 でピストンを距離 x_1 だけ右方に押すから，外になす仕事は $p_1 A \cdot x_1 = p_1 \cdot A x_1 = p_1 V_1$ である。

②の膨張過程では，ガスは閉じ込められて膨張するので絶対仕事 L_a をなす。

③の流出過程では，ガスは圧力 p_2 に抗してピストンにより左方に距離 x_2 だけ押されるので，ガスは外部から $p_2 A \cdot x_2 = p_2 \cdot A x_2 = p_2 V_2$ だけ仕事がなされる。

以上から，流入，流出するガスがピストンを介して外部へなす正味の仕事は次式のようになる。

$$L_t = p_1 V_1 + L_a - p_2 V_2 = \int_2^1 V dp = -\int_1^2 V dp \quad \text{[J]} \quad (5.13)$$

積分値は，図において 1-2-p_2-p_1-1 で囲まれる面積である。これを**工業仕事** (technical work) あるいは**機関仕事**という。ガス 1 kg 当りの工業仕事は $l_t = L_t/m$ で表す。

微分表現ではつぎのようになる。

$$dL_t = -V dp \quad \text{[J]}, \quad dl_t = -v dp \quad \text{[J/kg]} \quad (5.14)$$

圧縮機の場合には，低圧のガスを吸い込んで高圧のガスとして吐き出すので，変化の方向は 2 から 1 へ逆方向となり，工業仕事は負の値を持つ。つまり，外から仕事を受けて圧縮仕事をなすことを表している。

5.3 熱力学第一法則

5.3.1 熱力学第一法則

ジュール（Joule）は，熱 1 kcal が仕事何 kgf・m に相当するかを実験によって求めた。これを**熱の仕事当量**（mechanical equivalent of heat）という。正確な実験によると，1 kcal = 426.858 kgf・m とされている。このことから，「熱と仕事はエネルギーの一形態であり，相互に転化することができる」と認識された。これを**熱力学第一法則**（the first law of thermodynamics）という。

5.3.2 エネルギー保存則

図 5.5(a)，(b) に示すように，**境界面**（boundary surface）で囲まれた物質を考え，これを**系**（system）と呼び，系外の物体を**周囲**（surroundings），

(a) 閉じた系　　　　　　　(b) 開いた系

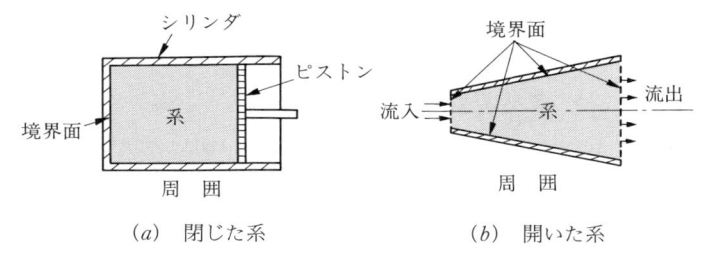

図 5.5　系 と 周 囲

あるいは**環境**（environment）と呼んでいる。

境界面を通じて物質の出入りがない系を**閉じた系**（closed system），物質の出入りがある系を**開いた系**（open system）という。工業熱力学では，系内の物質が状態変化をしつつ熱と仕事の授受を行うので，これを**作動流体**（working fluid）と呼んでいる。

いま，系に入るエネルギーを E_{in}，系から出るエネルギーを E_{out}，増加した系内部のエネルギーを ΔU とすると

$$\Delta U = E_{in} - E_{out} \quad [\text{J}] \tag{5.15}$$

これをエネルギー保存式といい，その内容を**エネルギー保存則**（conservative law of energy）という。ここで，U を系の**内部エネルギー**（internal energy），系 1 kg 当りの内部エネルギーは**比内部エネルギー**（specific internal energy）u という。

$$u = \frac{U}{m} \quad [\text{J/kg}] \tag{5.16}$$

系の状態を表す量を**状態量**（quantity of state）という。温度，圧力，体積，内部エネルギー，エンタルピー，エントロピーは状態量である。熱や仕事は状態量ではなく，境界を通じて出入りして状態を変化させる原因となる量であり，変化の経路によって値が異なる。そこで，状態量，例えば内部エネルギーの変化量は $U_b - U_a$ と表すが，熱量は Q_{ab}，仕事量は L_a，L_t のように表す。

5.3.3 閉じた系のエネルギー式

絶対仕事を説明した図 **5.3** にエネルギー保存則を適用する。境界面はシリンダの内壁とピストンの左壁から構成される。ピストンが動くときは，シリンダ内壁の境界面は拡大，あるいは縮小する。変化の初めの状態を 1，終りの状態を 2 とし，この間に作動流体に周囲から加えられた熱量を Q_{12}，作動流体がピストンを介して周囲になした絶対仕事を L_a とする。エネルギー保存式（5.15）において，$E_{in}=Q_{12}$，$E_{out}=L_a$ であるから

$$\Delta U = Q_{12} - L_a$$

状態 1，2 での内部エネルギーをそれぞれ U_1，U_2 とすると，$\Delta U = U_2 - U_1$ であるから，上式は次式のように書き表せる。

$$Q_{12} = U_2 - U_1 + L_a \quad [\text{J}] \tag{5.17}$$

これを，閉じた系の**熱力学第一法則の式**（the first law equation of thermodynamics）という。

系の微小な状態変化を考え，その際に加えられた熱量を dQ，外になした仕事を dL_a，内部エネルギーの増加を dU とし，微分形で書くと

$$dQ = dU + dL_a = dU + pdV \quad [\text{J}] \tag{5.18}$$

また，系 1 kg 当りでは

$$dq = du + dl_a = du + pdv \quad [\text{J/kg}] \tag{5.19}$$

となる。これらの式は**熱力学第一基礎式**と呼ばれている。ここで，熱量と仕事量の符号は，外部から加えられる熱量を＋，外部になす仕事を＋としている。

5.3.4 開いた系のエネルギー式とエンタルピー

工業仕事を説明した図 **5.4** にエネルギー保存則を適用してみる。境界面は，吸入弁と排出弁をつけたヘッドを持つシリンダとピストンで構成される。この場合に，まず各過程で系に出入りするエネルギーを調べてみる。

5.2.2 項の〔2〕で説明した①の流入過程では，吸入弁が開き，圧力 p_1 の流体が体積 V_1 だけ流入する。

このとき，系に入るエネルギーは，流入流体の内部エネルギー U_1 と流体を

力 p_1A で x_1〔m〕押し込む仕事 $p_1Ax_1(=p_1V_1)$ であり，系から出るエネルギーは，ピストンを右側に押して外部になす仕事 $p_1Ax_1(=p_1V_1)$ である。

②の膨張過程では，吸入弁は閉じて膨張する。

この場合は，系に入るエネルギーは系に加えられる熱量 Q_{12} であり，系から出るエネルギーは系が外になす絶対仕事 L_a である。

③の流出過程では，排出弁が開き，圧力 p_2 の流体が体積 V_2 を流出して，ピストンは左端に至る。このとき，系に入るエネルギーは，ピストンを押して外からなされる仕事 $p_2Ax_2(=p_2V_2)$ であり，系から出るエネルギーは，流出流体の持つ内部エネルギー U_2 と流体を力 p_2A で外に x_2〔m〕押し出す仕事 $p_2Ax_2(=p_2V_2)$ である。

物質の流入や流出のある場合には，いま調べたように，内部エネルギー U と押込仕事や押出仕事 pV が一緒に現れるので，まとめて

$$H = U + pV \quad 〔J〕 \tag{5.20}$$

とおくと便利である。ここで H を**エンタルピー** (enthalpy) と呼ぶ。1kg 当りのエンタルピーは**比エンタルピー** (specific enthalpy) といい，小文字の h で表す。

$$h = u + pv \quad 〔J/kg〕 \tag{5.21}$$

定常状態では，入るエネルギーの総和＝出るエネルギーの総和であるから

$$H_1 + Q_{12} + p_2V_2 = p_1V_1 + L_a + H_2$$

ここで，$p_1V_1 + L_a - p_2V_2 = L_t$（工業仕事）であるから

$$Q_{12} = H_2 - H_1 + L_t \quad 〔J〕 \tag{5.22}$$

系の微小変化に対する微分形は，系 m kg あるいは 1 kg 当りについて

$$dQ = dH + dL_t = dH - Vdp \quad 〔J〕 \tag{5.23}$$

$$dq = dh + dl_t = dh - vdp \quad 〔J/kg〕 \tag{5.24}$$

である。これらは**熱力学第二基礎式**と呼ばれている。

5.4 熱力学第二法則とエントロピー

5.4.1 熱力学第二法則

熱は，自然には必ず高温の物体から低温の物体に移動している。この変化の方向性の法則を**熱力学第二法則**（the second law of thermodynamics）という。この法則にはいろいろな表現があり，「他に変化を残すことなしに，低温物体から高温物体へ熱を移動させる機械は実現不可能である」，「ある熱源の熱を仕事に変えるためには，それより低温の熱源が必要である」などはその例である。

低温熱源を必要とせずに仕事をする熱機関を考えれば，高温熱源の熱を100％仕事に変える熱機関となる。これを**第二種の永久機関**（the perpetual engine of second kind）というが，熱力学第二法則により実現不可能である。なお，エネルギーを消費せずにいつまでも動き続ける永久機関は**第一種の永久機関**（the perpetual engine of first kind）といい，熱力学第一法則により実現不可能である。

5.4.2 可逆変化と不可逆変化

可逆変化（reversible change）とは，系（作動流体）がある変化をしたとき，系（作動流体）と系の周囲をも含めてそのまま逆の変化が可能な理想的な変化をいう。それが不可能な変化を**不可逆変化**（irreversible change）という。可逆変化は，系内に温度や圧力の分布ができないようなゆっくりした変化（**準静的過程**（quasi-static process））で，摩擦熱の発生がなく，外部物体との熱移動に際しては無限小の温度差で熱交換をする理想的な場合である。

5.4.3 エントロピー

図 5.6 に示すように，温度 T_H〔K〕の高温熱源が Q〔J〕の熱を失い，シリンダ内の作動流体が温度 T〔K〕のもとで同じ Q〔J〕の熱を得たとする。この

5.4 熱力学第二法則とエントロピー

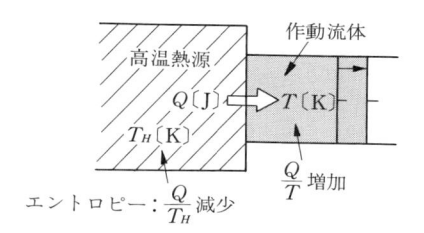

図 5.6 熱移動とエントロピー

とき高温熱源のエントロピー (entropy) は Q/T_H〔J/K〕減少し，作動流体のエントロピーは，Q/T〔J/K〕だけ増加したと考える。そうすると，この熱移動に際して，熱源と作動流体を合わせた全体としてのエントロピー増加は

$$\Delta S_T = \frac{Q}{T} - \frac{Q}{T_H} = Q\left(\frac{1}{T} - \frac{1}{T_H}\right)$$
$$= \frac{Q(T_H - T)}{TT_H}$$

となる。$T_H > T$ であるから $\Delta S_T > 0$，したがって有限な温度差がある熱移動すなわち不可逆変化では，エントロピーは全体として増加すると表現できる。

摩擦がある不可逆変化の場合には，発生した摩擦熱 Q〔J〕が温度 T〔K〕の作動流体に与えられたとすると，作動流体のエントロピー増加は Q/T〔J/K〕である。ほかの物体がこの熱量 Q を失ったわけではないので，エントロピー減少はないから正味にエントロピーの増加となる。このようにエントロピーは不可逆性を量的に表現している。摩擦がなく温度差が無限小での熱移動であれば，全体としてのエントロピー変化は零である。これが可逆変化である。

作動流体が温度 T〔K〕の状態で微小量の熱 dQ〔J〕を得たとすると，作動流体のエントロピーの微小増加量 dS〔J/K〕は次式で表される。

$$dS = \frac{dQ}{T} \tag{5.25}$$

作動流体が状態 1 から状態 2 に変化したとき，そのエントロピー変化は

$$S_2 - S_1 = \int_1^2 dS = \int_1^2 \frac{1}{T} dQ \tag{5.26}$$

である。作動流体1kg当りのエントロピーを**比エントロピー** (specific

entropy）といい，$s = S/m$〔J/(kg・K)〕と表す。これから

$$ds = \frac{dq}{T} \tag{5.27}$$

なお，詳しい説明は省くが，エントロピーは状態量である。

5.4.4 T-S 線図

図 5.7(a)，(b)に示すように，縦軸を絶対温度 T〔K〕，横軸をエントロピー S〔J/K〕あるいは比エントロピー s〔J/(kg・K)〕として，状態変化を描いたものを T-S 線図あるいは T-s 線図という。この線図の特徴は面積が熱量を表すことである。状態1から状態2まで変化した際に，作動流体 m〔kg〕に加えられた熱量 Q_{12}，あるいは作動流体1kg当りに加えられた熱量 q_{12} は

$$Q_{12} = \int_1^2 dQ = \int_1^2 TdS \text{ 〔J〕}, \quad q_{12} = \int_1^2 dq = \int_1^2 Tds \text{ 〔J/kg〕} \tag{5.28}$$

であり，Q_{12}＝面積 1-2-S_2-S_1-1，q_{12}＝面積 1-2-s_2-s_1-1 である。

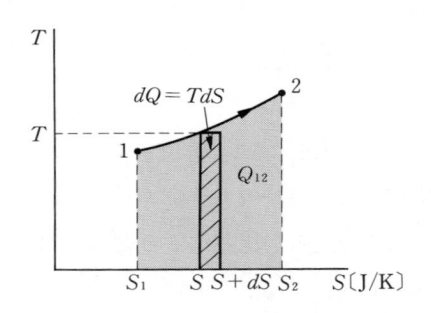

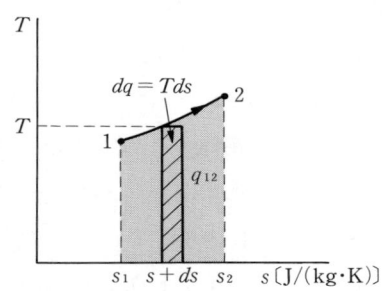

(a) T-S 線図と作動流体 m〔kg〕に加えられた熱量

(b) T-s 線図と作動流体1kg当りに加えられた熱量

図 5.7 熱量が面積で表される T-S 線図と T-s 線図

また，T-S 線図を用いると，温度差のある熱移動で全体としてエントロピーが増大することを容易に図から理解することができる。図 5.8 において，(a)は高温熱源，(b)は作動流体の T-S 線図である。図において

$$T_H(S_1 - S_2) = T(S_2' - S_1') = Q$$

(a) 高温熱源のエントロピー変化　(b) 作動流体のエントロピー変化　(c) 合体させた図

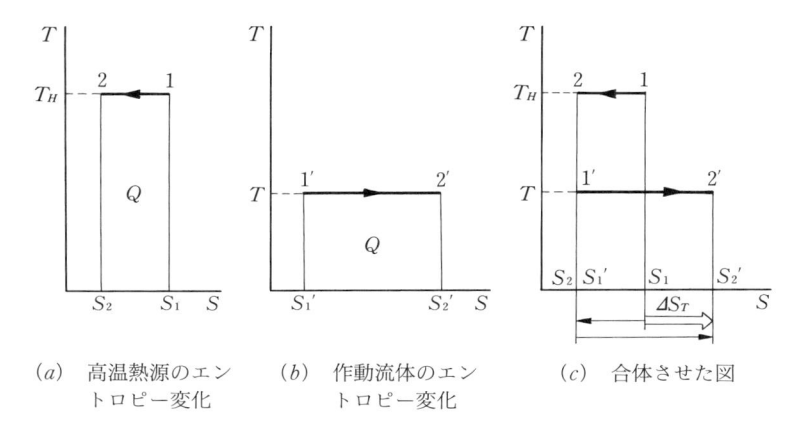

図 5.8　熱移動におけるエントロピー変化

である。$T_H > T$ であるから，$S_1 - S_2 < S_2' - S_1'$ であり

$$\Delta S_T = (S_2' - S_1') - (S_1 - S_2) > 0$$

となり，全体としてエントロピーは増加している。この ΔS_T をわかりやすくするために，図(c)に高温熱源と作動流体の状態変化を重ね合わせて描いている。

5.5　完全ガスと蒸気

5.5.1　完全ガスの状態式

体積 V [m³]，絶対圧力 p [kPa]，絶対温度 T [K]を質量 m [kg]の完全ガスの状態量とすると

$$pV = mRT \quad \text{あるいは} \quad pv = RT \tag{5.29}$$

この式を**完全ガスの状態式** (equation of state for perfect gas) という。R [kJ/(kg・K)]は**ガス定数** (gas constant) といい，ガスの種類によって異なる。

分子量 M とガス定数 R との積は一定値であり

$$R_0 = MR = 8.315 \text{ kJ/(kmol・K)} \tag{5.30}$$

これを**一般ガス定数** (universal gas constant) という。

5.5.2 完全ガスの比熱

ジュールは，実験から，完全ガスの内部エネルギーは温度のみの関数であることを結論づけた。このことから，エンタルピーも温度のみの関数となる。

したがって，完全ガスの定容比熱と定圧比熱は

$$c_v = \frac{du}{dT}, \quad c_p = \frac{dh}{dT} \tag{5.31}$$

となる。上記の二式から，つぎの完全ガスの比熱の関係式が得られる。

$$c_p - c_v = R \tag{5.32}$$

定容比熱に対する定圧比熱の比を**比熱比**（ratio of specific heat）という。

$$\kappa = \frac{c_p}{c_v} \tag{5.33}$$

比熱比は，分子を構成する原子数が等しい分子ではほぼ等しい値を持つ。

1原子分子（He, Ar）では　　　　　　　　$\kappa = 1.67$
2原子分子（H_2, O_2, N_2, CO, 空気）では　　$\kappa = 1.40$
3原子以上の分子（CO_2, SO_2, H_2O など）では　$\kappa = 1.33$

比熱比を用いると c_v, c_p は次式のように表される。

$$c_v = \frac{R}{\kappa - 1}, \quad c_p = \kappa c_v = \frac{\kappa R}{\kappa - 1} \tag{5.34}$$

5.5.3 完全ガスの熱力学第一法則の式

式（5.31）から，完全ガスの比内部エネルギーと比エンタルピーは

$$du = c_v dT, \quad dh = c_p dT \tag{5.35}$$

で表されるので，完全ガスの熱力学第一法則の式は，作動流体1kg当りでは

$$dq = c_v dT + p dv \tag{5.36}$$

$$dq = c_p dT - v dp \tag{5.37}$$

作動流体 m kg では，つぎのようになる。

$$dQ = mc_v dT + p dV \tag{5.38}$$

$$dQ = mc_p dT - V dp \tag{5.39}$$

5.5.4 完全ガスの状態変化

完全ガスが状態変化する際の熱と仕事の授受について述べる。図 $5.9(a)$，(b) に，基本的な状態変化を $p\text{-}V$ 線図と $T\text{-}S$ 線図に示す。

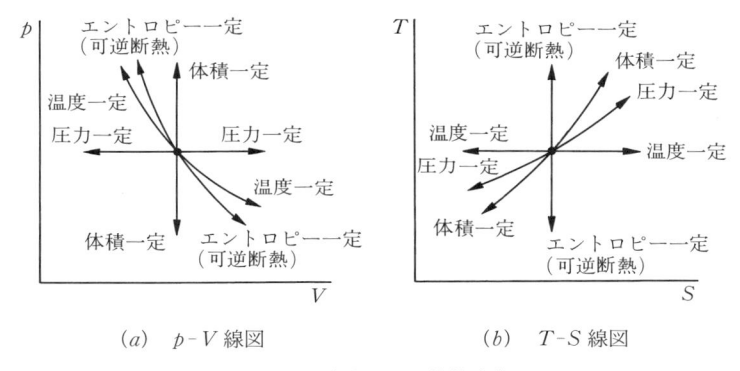

(a)　$p\text{-}V$ 線図　　　　　(b)　$T\text{-}S$ 線図

図 5.9　完全ガスの状態変化

〔1〕 **等温変化**（constant temperature change あるいは isothermal change）

式 (5.38)，(5.39) において，$dT=0$ とおくと

$$dQ = pdV = dL_a = -Vdp = dL_t$$

よって，熱量と絶対仕事と工業仕事はたがいに等しく

$$Q_{12} = L_a = L_t = mRT_1 \ln \frac{V_2}{V_1} \tag{5.40}$$

ここで，ln は自然対数を表す（付録 $B.2$ 参照）。

〔2〕 **等容変化**（constant volume change あるいは isochoric change）

式 (5.38) において $dV=0$ とすると，$dQ=dU=mc_v dT$ より

$$Q_{12} = U_2 - U_1 = mc_v(T_2 - T_1) \tag{5.41}$$

絶対仕事は，$dV=0$ より $dL_a = pdV = 0$ であるから $L_a = 0$，

工業仕事は，$V = V_1 = V_2$ より $dL_t = -Vdp = -V_1 dp$ であるから

$$L_t = -V_1(p_2 - p_1) = mR(T_1 - T_2) \tag{5.42}$$

〔3〕 **等圧変化**（constant pressure change あるいは isobaric change）

式 (5.39) において $dp=0$ とすると，$dQ = dH = mc_p dT$ より

$$Q_{12} = H_2 - H_1 = mc_p(T_2 - T_1) \tag{5.43}$$

絶対仕事は，$p = p_1 = p_2$ より $dL_a = pdV = p_1 dV$ であるから

$$L_a = p_1(V_2 - V_1) = mR(T_2 - T_1) \tag{5.44}$$

工業仕事は，$dp = 0$ より $dL_t = -Vdp = 0$ であるから，$L_t = 0$ となる。

〔4〕 **断熱変化**（adibatic change あるいは isentropic change） 状態変化の過程で $dQ = 0$ に対応する断熱変化の式は

$$pV^\kappa = 一定 \quad あるいは \quad TV^{\kappa-1} = 一定 \tag{5.45}$$

と表される。p-V 線図上で断熱変化を示すと，等温線よりも傾きの急な曲線となって等温線と交わる。したがって，断熱圧縮の場合は温度が上昇し，断熱膨張の場合は温度は下降する。

断熱変化における絶対仕事と工業仕事は

$$L_a = mc_v(T_1 - T_2), \quad L_t = mc_p(T_1 - T_2) \tag{5.46}$$

であり，両仕事の関係は次式となる。

$$L_t = \kappa L_a \tag{5.47}$$

〔5〕 **ポリトロープ変化**（polytropic change） 状態変化が式

$$pV^n = 一定 \tag{5.48}$$

で表されるときポリトロープ変化といい，n を**ポリトロープ指数**（index of polytropic change）という。

n の値によりいろいろな変化が記述できる。例えば，$n = 1$ のときは等温変化，$n = 0$ のときは等圧変化，$n \to \pm\infty$ のときは等容変化，$n = \kappa$ のときは断熱変化を表し，**図 5.9** に示すような多方向の変化が記述できる。

5.5.5 完全ガスのエントロピー変化

式 (5.38)，(5.39)，(5.25) および完全ガスの状態式より

$$dS = \frac{mc_v}{T}dT + \frac{mR}{V}dV \tag{5.49}$$

$$= \frac{mc_p}{T}dT - \frac{mR}{p}dp \tag{5.50}$$

状態1から状態2まで変化するときの完全ガスのエントロピーの変化量は

$$S_2 - S_1 = mc_v \ln \frac{T_2}{T_1} + mR \ln \frac{V_2}{V_1} \tag{5.51}$$

$$= mc_p \ln \frac{T_2}{T_1} - mR \ln \frac{p_2}{p_1} \tag{5.52}$$

となる。断熱変化は，$dQ=0$ より $dS=0$ となるから，$S_2=S_1$ である。

5.5.6 等圧のもとでの水の蒸発と乾き度

圧力一定のもとで水が蒸発する場合を，図 5.10 (a), (b) に p-v 線図と T-s 線図で示す。沸騰に達しない水を**圧縮水**（compressed water）（図では1）という。水が沸騰を開始する温度を**飽和温度**（saturated temperature）T_s といい，この状態の水を**飽和水**（saturated water）（図では2）という。沸騰中は温度は変化せず，飽和水と水蒸気（以下，単に蒸気）が共存する状態が続く。この状態を**湿り蒸気**（wet steam）（図では3）といい，湿り蒸気1kg中に含まれる蒸気の質量割合を**乾き度**（dryness）x と定義している。水がすべて蒸気に変わった状態での蒸気を**乾き飽和蒸気**（dry saturated steam）（図では4）という。このとき $x=1$ である。乾き飽和蒸気をさらに加熱すると，温度は上昇し**過熱蒸気**（superheated steam）（図では5）となる。

両線図において，飽和水の状態をつないだ線を飽和水線（一般の場合は飽和液線），乾き飽和蒸気の状態をつないだ線を乾き飽和蒸気線といい，両方合わ

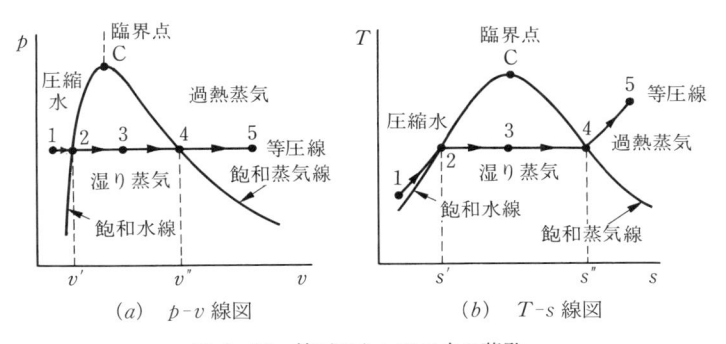

(a) p-v 線図 　　(b) T-s 線図

図 5.10　等圧のもとでの水の蒸発

せて飽和限界線という。両者が接合する点 C を **臨界点**（critical point）という。飽和限界線の内側は湿り蒸気で，左外側は圧縮水，右外側は過熱蒸気である。

蒸気の状態式にファンデルワールスの状態方程式がある。

$$\left(p+\frac{a}{v^2}\right)(v-b)=RT \tag{5.53}$$

ここで，a, b, R は定数である。完全ガスの状態式 $pv=RT$ と比べると，分子間に働く力と分子の大きさの影響を考慮した式となっている。

5.5.7 蒸気の状態量

蒸気の状態量の値を得るには，飽和蒸気表，圧縮水表，過熱蒸気表あるいは h-s 線図を利用する（巻末参考文献 参照）。温度と圧力より蒸気の比体積 v，比エンタルピー h，比エントロピー s を容易に求めることができる。

ここでは，湿り蒸気の状態量について簡単にふれておく。乾き度 x の湿り蒸気 1 kg は，$1-x$〔kg〕の飽和水と x〔kg〕の乾き飽和蒸気からなる。飽和蒸気表で，飽和水の比体積，比エンタルピー，比エントロピーの値は v', h', s' 欄に示されており，乾き飽和蒸気のそれらの値は v'', h'', s'' 欄に示されている。これらの値から，乾き度 x の湿り蒸気の値は

$$v=(1-x)v'+xv'' \tag{5.54}$$
$$h=(1-x)h'+xh'' \tag{5.55}$$
$$s=(1-x)s'+xs'' \tag{5.56}$$

として計算できる。

5.5.8 蒸気に加えられる熱量

$$dq=dh-vdp, \quad dq=Tds$$

から，等圧・等温の下での蒸気 1 kg の蒸発熱 r は

$$r=T_s(s''-s')=h''-h' \tag{5.57}$$

また，一般に，等圧の下で状態 1 から状態 2 までに加えられる熱量は

$$q_{12} = h_2 - h_1 \tag{5.58}$$

として求められる。

5.6 サイクルと熱機関

それぞれの熱機関には基準のサイクルがある。ガソリンエンジンはオットーサイクル，中低速ディーゼルエンジンはディーゼルサイクル，高速ディーゼルエンジンはサバテサイクル，ガスタービンはブレイトンサイクル，蒸気タービンはランキンサイクル，冷凍機は逆カルノーサイクルなどが代表的である。ここでは，カルノーサイクル，オットーサイクルおよびランキンサイクルの熱効率について概説する。

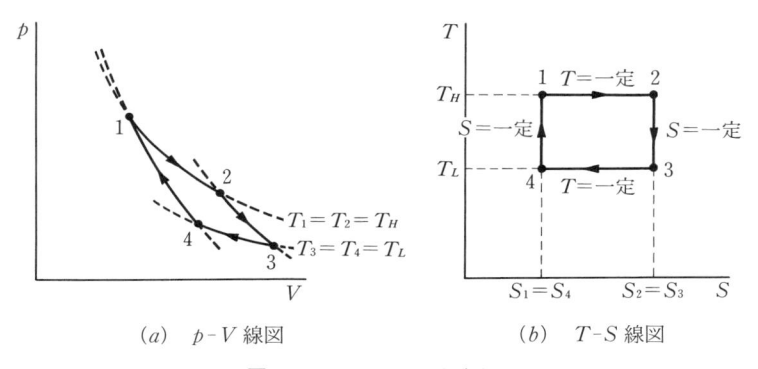

5.6.1 カルノーサイクル

カルノーサイクル (Carnot cycle) の p-V 線図と T-S 線図を**図 5.11** (a)，(b)に示す。$1 \to 2$ で作動流体は温度 T_H の高温熱源から可逆な等温変化で Q_H 受熱し，$2 \to 3$ で可逆断熱膨張し，$3 \to 4$ で可逆な等温変化で温度 T_L の低温熱源に Q_L 放熱し，最後に $4 \to 1$ で可逆断熱圧縮されて始めの状態に戻る。

1サイクルについて式 (5.18) を積分すると

(a) p-V 線図 (b) T-S 線図

図 5.11 カルノーサイクル

(正味受熱量) $= Q_H - Q_L = L$ (正味仕事) $\quad$ (5.59)

が得られる。サイクルの**熱効率**（thermal efficiency）η は受熱量が正味仕事に変わる割合であるから

$$\eta = \frac{L}{Q_H} = \frac{Q_H - Q_L}{Q_H} = 1 - \frac{Q_L}{Q_H} \quad (5.60)$$

T-S 線図から，$Q_H = T_H(S_2 - S_1)$，$Q_L = T_L(S_3 - S_4)$，および $S_2 - S_1 = S_3 - S_4$ であるから，カルノーサイクルの熱効率は次式となる。

$$\eta = 1 - \frac{T_L}{T_H} \quad (5.61)$$

カルノーサイクルは可逆サイクルであり，熱効率がサイクルの中で最大である。また作動流体の種類によらず熱効率は式（5.61）で与えられる。

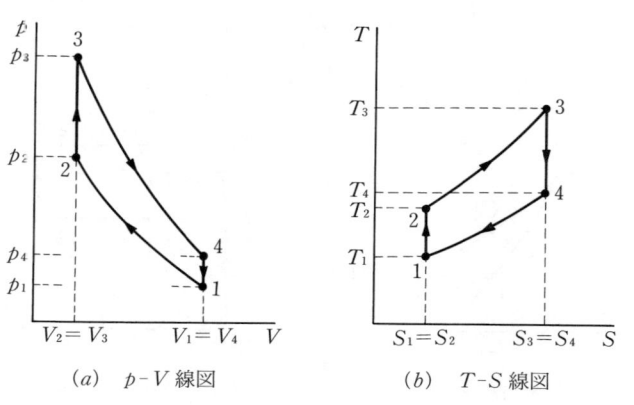

5.6.2 オットーサイクル

オットーサイクル（Otto cycle）の p-V 線図と T-S 線図を図 **5.12**（a），（b）に示す。作動流体は空気で，$1 \rightarrow 2$ で可逆断熱圧縮され，$2 \rightarrow 3$ で体積一定の下で受熱し，$3 \rightarrow 4$ で可逆断熱膨張し，$4 \rightarrow 1$ で体積一定の下で放熱してもとに戻る。このとき

$2 \rightarrow 3$ では，$Q_{23} = mc_v(T_3 - T_2) > 0$

$4 \rightarrow 1$ では，$Q_{41} = mc_v(T_1 - T_4) < 0$

(a) p-V 線図　　　　　(b) T-S 線図

図 **5.12**　オットーサイクル

となるから，受熱量は Q_{23}，放熱量は $-Q_{41}$ である．よって，オットーサイクルの熱効率は

$$\eta = 1 - \frac{-Q_{41}}{Q_{23}} = 1 - \frac{T_4 - T_1}{T_3 - T_2}$$

この式を各過程の状態変化の式を用いて変形すると

$$\eta = 1 - \frac{1}{\varepsilon^{\kappa-1}} \tag{5.62}$$

が得られる．ここで，$\varepsilon = V_1/V_2$ は**圧縮比** (compression ratio) という．

5.6.3 ランキンサイクル

ランキンサイクル (Rankine cycle) は，**蒸気プラント**あるいは**蒸気原動所** (steam power plant) のサイクルである．図 **5.13** にランキンサイクルの構成図を，図 **5.14**(*a*)，(*b*) にランキンサイクルの p-v 線図と T-s 線図を示す．

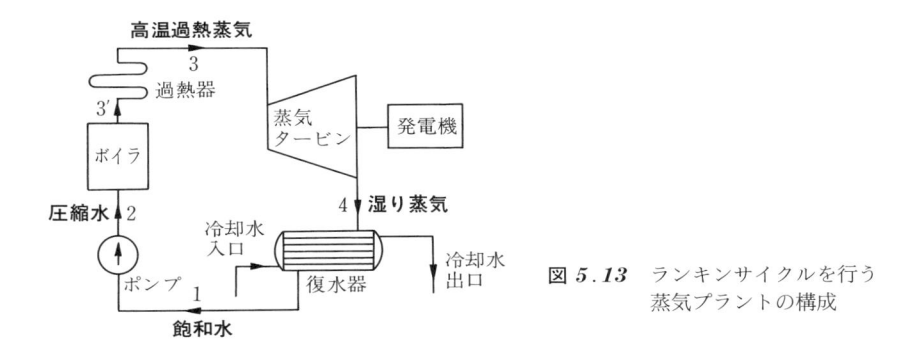

図 5.13 ランキンサイクルを行う蒸気プラントの構成

作動流体は水で，受熱は $2 \to 2' \to 3' \to 3$ の過程で圧力一定の下でなされ，放熱は $4 \to 1$ の過程でやはり圧力一定でなされる．したがって，式 (5.58) が適用され，$q_{23} = h_3 - h_2 > 0$，$q_{41} = h_1 - h_4 < 0$ であるから，ランキンサイクルの熱効率は

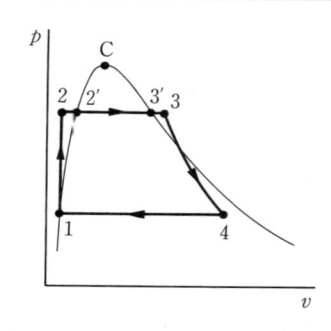

(a) p-v 線図 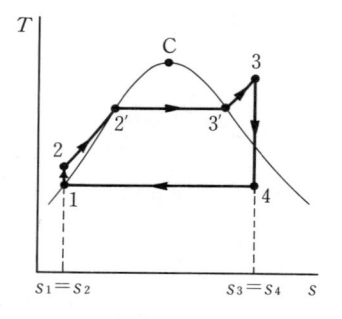　　　　　(b) T-s 線図

図 **5.14**　ランキンサイクル

$$\eta = 1 - \frac{-q_{41}}{q_{23}}$$

$$= 1 - \frac{h_4 - h_1}{h_3 - h_2} \tag{5.63}$$

ここでポンプによる仕事 ($h_2 - h_1$) が無視できる場合は，$h_2 \fallingdotseq h_1$ とすると

$$\eta \fallingdotseq 1 - \frac{h_4 - h_1}{h_3 - h_1}$$

$$= \frac{h_3 - h_4}{h_3 - h_1} \tag{5.64}$$

が得られる。

以上述べてきたように，サイクルの熱効率は，受熱量と放熱量を求めれば簡

コーヒーブレイク

「水飲み鳥」とか「マジックバード」というおもちゃがある。コップの中の水にくちばしを入れては頭を持ち上げ，入れては持ち上げして同じ運動を繰り返している。ぜんまいを巻いてやるのでもなく，燃料を入れてやるのでもない。このおもちゃは日本人が発明したもので，相対性理論で有名なアインシュタイン博士も驚いたという。一見すると永久機関ではないかと思われるが，この機械的運動を起こさせる原因はフェルトをつけた鳥の頭部から水が蒸発することにあり，水を蒸発させる源は太陽からのエネルギーであるので第一種の永久機関ではない。しかし，石油や石炭などを燃やしてやることなく，太陽熱だけで機械的運動が得られることは，環境問題の観点からたいへん面白いことである。

演 習 問 題

【1】 1 atm の下で，15 ℃ の水 2 kg を加熱して沸騰させるには何 kJ の熱を加えねばならないか。ただし，水の比熱は 4.187 kJ/(kg·K) である。

【2】 圧力 0.6 MPa，体積 0.2 m³ のガスが，圧力一定の下で体積 0.8 m³ まで膨張したとき，ガスが外部になした絶対仕事はいくらか。

【3】 シリンダ内のガス 2 kg が 80 kJ の熱をもらって膨張し，ピストンを介して外部に 60 kN·m の仕事をした。ガスの内部エネルギーおよび比内部エネルギーの変化はいくらか。

【4】 12 PS の空気圧縮機により，空気を毎分 3 kg 圧縮して，冷却水に毎分 180 kJ の熱を逃がしている。圧縮機入口と出口での空気の 1 秒当りのエンタルピー変化と，比エンタルピー変化はいくらか。

【5】 温度 50 ℃ の作動流体 2 kg に 550 kJ の熱が加えられた。作動流体のエントロピー変化および比エントロピー変化はいくらか。

【6】 温度 1 000 ℃ の高温熱源から 800 kJ の熱をもらい，100 ℃ で水が沸騰して蒸気になっている。このとき，全体としてのエントロピー増加はいくらか。

【7】 空気 2 kg が 20 ℃ から 300 ℃ に加熱された。内部エネルギーとエンタルピーの変化量はいくらか。ただし，空気を完全ガスとみなし，ガス定数は 0.287 kJ/(kg·K)，比熱比は $\kappa=1.40$ とする。

【8】 圧力 0.6 MPa，体積 0.2 m³ の完全ガスが，温度一定の下で膨張し，体積が 2 倍になった。ガスが受けた熱量および外部へなした仕事はいくらか。

【9】 圧縮空気が体積 0.8 m³ のタンクに充てんされている。タンク内の温度が朝方には 15 ℃ で圧力計の読みが 800 kPa であったが，午後にはタンクが太陽にさらされて中の温度が 70 ℃ になった。圧力はゲージ圧でいくらになっているか。また，もとの状態になるにはどれだけの熱量を放出しなくてはならないか。ただし大気圧は 760 mmHg であったとし，圧縮空気は完全ガスとみなし，空気の比熱比は $\kappa=1.40$ とする。

5. 熱力学

【10】 圧力 0.1 MPa，温度 15 ℃ の空気が断熱圧縮され，体積が 1/3 となった。終りの状態の温度を求めよ。ただし，空気の比熱比は 1.4 とする。

【11】 1 000 ℃ の高温熱源と 20 ℃ の低温熱源との間で働くカルノーサイクルの熱効率はいくらか。

【12】 空気を作動流体とする圧縮比 6 のオットーサイクルの熱効率はいくらか。

6

機 械 材 料

　あらゆる工業の基盤に用いられる機械や装置，またそれらによって製造される製品において，材料に関する知識は不可欠なものとなっている。この章では，各種の機械材料について，基礎的な特性とその用途とを学んでいくことにする。

6.1 機械材料の分類

　機械材料は，用途の面から構造物に使用される材料，部品に使用される材料，工具に使用される材料などと分類することができる。また，成分の面から金属材料，高分子材料，無機材料，複合材料などに分類することができる。
　新素材，新材料も盛んに開発されているが，機能を重視するあまり製造コストが高くなり，これまでにない機構の設計や，製造と組立方法の選定を考えなければならない。
　プラスチックの強度を向上させるために，繊維強化プラスチック（FRP）が製造された。この複合材料は強度が方向によって異なるので，部材の設計には十分な応力解析が必要とされる。
　セラミックスを構造用材料として使う場合には，もろい材料であり，強度のばらつきが大きい材料であることを考えて扱わなければならない。
　表 6.1 にこれらをまとめて示す。
　以下，それぞれの材料についての説明を詳しくしていくことにする。

表 6.1 機械材料の分類

金属材料	鉄鋼材料		普通鋼	一般構造用,機械構造用
			合金鋼	溶接構造用,耐候性鋼,高張力鋼,工具鋼,ステンレス鋼,耐熱鋼
			鋳　鉄	普通鋳鉄,球状黒鉛鋳鉄,可鍛鋳鉄
	非鉄金属材料		Al 合金	展伸材,鋳物用合金
			Cu 合金	展伸材,鋳物用合金
			Ni 合金	耐熱合金,耐食合金
			Ti 合金	耐食合金,耐熱合金
非金属材料	高分子材料	プラスチック		熱硬化性樹脂,熱可塑性樹脂,汎用エンプラ,スーパエンプラ
		ゴム		天然ゴム,汎用合成ゴム,特殊合成ゴム
		接着剤		水溶性接着剤,無溶剤型接着剤,溶剤型接着剤,ホットメルト,嫌気性接着剤,無機接着剤
	無機材料	ガラス		強化ガラス,結晶化ガラス
		セラミックス		エンジニアリングセラミックス
複合材料	金属基複合材料			粒子分散強化金属（サーメットを含む）,繊維強化金属（FRM）,クラッド材料
	プラスチック基複合材料			繊維強化プラスチック(GFRP, CFRP, AFRP),ゴム系複合材（タイヤ）
	セラミックス基複合材料			繊維強化セラミックス（FRCe）,粒子分散強化セラミックス

6.2　鉄 鋼 材 料

　機械材料としての鉄鋼には構造用鋼,工具用鋼,耐食用鋼,耐熱用鋼,鋳鉄などが含まれる。その内容については JIS に規定されている。

6.2.1　構 造 用 鋼

　構造物や機械類の構造部材に用いられる鋼材を総称して構造用鋼鋼材という。

　〔1〕**一般構造用圧延鋼材**　一般構造用圧延鋼（**SS**：steel structure）は,引張強さによって SS 330～540 の範囲で規定されている。中でも,400

MPa の引張強さを持つ SS 400 は機械的強度のバランスがよく，一般構造物や機械の補助部材に最も多く使われている。しかし，溶接部や低温での粘り強さについて保証されていない。厚板用には，**SPH**（steel plate hot）と呼ばれる安価な熱延鋼板が規定されている。薄板プレス加工用には，表面が滑らかで寸法精度が高い **SPC**（steel plate cold）と呼ばれる冷延鋼板が規定されている。

〔2〕 **溶接構造用圧延鋼材**　溶接構造用圧延鋼（**SM**：steel marine）は，引張強さによって SM 400〜540 の範囲で規定されている。溶接性と低温での粘り強さを重視した，船舶や橋などの大形溶接構造物用である。

〔3〕 **溶接構造用耐候性熱間圧延鋼材**　溶接構造用耐候性熱間圧延鋼（**SMA**：steel marine atmosphere）も，引張強さによって SMA 400〜540 の範囲で規定されている。中でも SMA 490 は，橋，鉄塔，建築物その他の塗装が困難な構造物などに最も多く使用されている。

〔4〕 **低合金高張力鋼**　合金元素を少し加えることで引張強度が 600〜1000 MPa にも高められた**高張力鋼**，または**ハイテン鋼**（high tensile strength steel）は，HT 60〜HT 100 と分類されている。強くなった分だけ構造物の板厚を薄く軽量化できるが，プレス加工や溶接性などで問題点もある。

〔5〕 **機械構造用炭素鋼**　機械構造用炭素鋼（**S-C**：carbon steel）は，含まれる炭素の割合 C〔%〕によって，S 10 C〜S 58 C および S 09 CK〜S 20 CK が規定されている。数字は C〔%〕の中央値（S 45 C は 0.45%）を示す。炭素量の低いものはそのままで一般鍛造品に用いられる。炭素量の比較的高いものは，**熱処理**（heat treatment）をして使われる。C〔%〕の増加に伴って，硬さ，強さは向上し，伸び，衝撃値などは低下する。これを**図 6.1** および**図 6.2** に示す。熱処理をすると C〔%〕の影響がより大きくなる。

〔6〕 **機械構造用合金鋼**　合金元素を添加して，熱処理を施した機械構造用合金鋼には，SCr 430〜445，SCM 430〜445，SNC 631〜836，SNCM 431〜447，SMn 433〜443，SMnC 443，SACM 645 など合計で 62 鋼種もある。**質量効果**（mass effect）を小さくし，焼入れ性を良好にして強靭にしたものである。S は鋼（Steel）の頭文字，C は Cr，M は Mo，N は

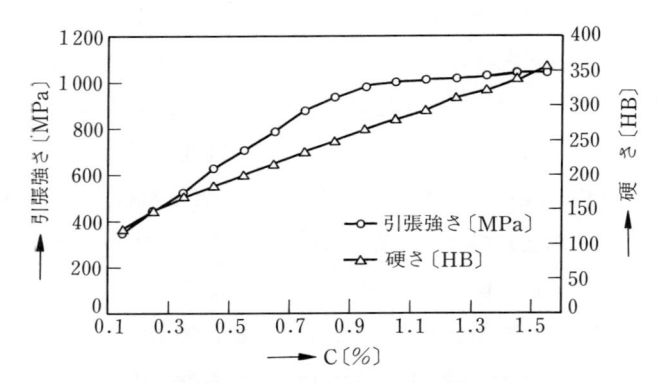

図 6.1 炭素鋼の圧延丸棒の強度および硬さと C〔％〕

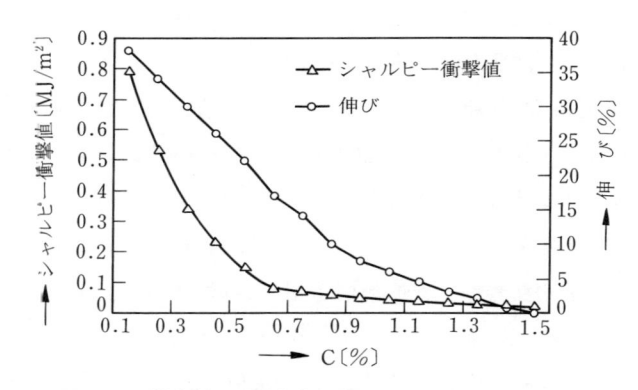

図 6.2 炭素鋼の圧延丸棒の伸びおよび衝撃値と C〔％〕

Ni，Mn は Mn，A は Al を意味している。3けたの数字の下2けたは C〔％〕の中央値を示す。その用途は強力ボルト，ナット，キー類やピン類，各種軸類，歯車類などである。表面が硬く，耐摩耗性があり，内部が強く靭性のある部品が必要なときには，浸炭用鋼や窒化用鋼が使用される。窒化による寸法変化は少ないから精密機械の重要部品に用いられる。

〔7〕**特殊用途用鋼** 鋼に S，Pb，Ca を添加した**快削鋼鋼材**（**SUM**：steel use machinable）は，切削時の切粉が粉砕され被削物の仕上げ肌がきれいにできる。また，**ばね鋼鋼材**（**SUP**：steel use spring）や，**高炭素クロム**

軸受鋼鋼材（**SUJ**：steel use jikuuke）の利用も行われている。**ステンレス鋼**（**SUS**：steel use stainless）や**耐熱鋼**（**SUH**：steel use heat resistant）については改めて後述する。

6.2.2 工具用鋼

炭素工具鋼（**SK**：steel kougu）のC〔%〕は0.6～1.5%で，合金元素は含まずP，Sの少ない良質の高炭素鋼である。常温で使用される工具用鋼材である。

SK材にW，Cr，V，Mo，Coを多く添加した**高速度工具鋼**（**SKH**：steel kougu high speed）は略して**ハイス**と呼ばれ，鋼材を高速で切削できる。硬さと耐摩耗性を重視したバイトに用いられるW系（SKH 2～10）と，靭性を重視したドリルやタップに用いられるMo系（SKH 51～57）とがある。

Ni，Mn，Cr，W，V，Mo，Siなどの元素を添加し，SK材の焼入れ性を高めた**合金工具鋼**（**SKS**：steel kougu special），**ダイス用工具鋼**（**SKD**：steel kougu dies），**鍛造用工具鋼**（**SKT**：steel kougu tanzou）の種類がある。切削工具用，耐衝撃工具用，冷間金型用，および熱間金型用について規定されている。

6.2.3 耐食用鋼

酸化皮膜によるステンレス鋼と，非鉄金属や非金属による被覆鋼板がある。

〔1〕 **ステンレス鋼** Feに12%以上のCrを合金することで耐食性が向上したステンレス鋼には，多くの系列がある。

マルテンサイト系（13% Cr系）の代表鋼種はSUS 410である。ステンレス鋼として耐食性を少し犠牲にしても，硬さを必要とする刃物に使用される。フェライト系（18% Cr系）の代表鋼種は，SUS 430である。オーステナイト系（Cr-Ni系）の代表鋼種はSUS 304で，約18% Cr，8% Niの組成のため，18-8ステンレス鋼と呼ばれている。**析出硬化**（precipitation hardening）型ステンレス鋼には，17-4 PH，17-7 PHステンレス鋼が規定され，また，オーステ

ナイト・フェライト系の二相ステンレス鋼（dual phase stainless steel）が規定されている。

ステンレス鋼の劣化には，Cr系ステンレス鋼の溶接部分で生じる**粒界腐食**（intergranular corrosion）や，オーステナイト系ステンレス鋼における**応力腐食割れ**（stress corrosion cracking）がある。

〔2〕 **その他の被覆鋼鈑**　表6.2に示すような非鉄金属や非金属の鋼鈑への被覆が行われている。

表6.2　各種被覆鋼鈑

種　類	特　性
溶融亜鉛メッキ鋼板（トタン板）	Znの犠牲防食能を利用 クロム酸処理やリン酸塩処理で白錆の防止
電気スズメッキ鋼鈑（ブリキ板）	金属Snを＋極，鋼板を－極にし，電解で板上にSnを析出・融着。膜厚を薄く，両面差厚メッキができる利点。Snに犠牲防食能がなく，傷つくとそこから腐食
溶融鉛メッキ鋼鈑（ターンプレート）	プレス成形加工性，ハンダ接着性のよい防錆鋼鈑。耐熱性が低い欠点。ガソリンタンク，化学工場の屋根板用
拡散浸透鋼板	浸透金属によりシェラダイジング(Zn)，カロダイジング(Al)，クロマイジング(Cr)，シリコナイジング(Si)
金属溶射鋼板（メタリコン）	Pb，Sn，ZnのほかにW，Moを溶射 現場作業に適し，完成した大型製品や構造物用
プラスチックの塗装	耐摩耗性，耐熱性に欠点
セラミックコーティング（ホウロウ）	鉄器にガラス質の溶融焼付け 硬さや耐熱性に利点，耐衝撃性に欠点

6.2.4　耐熱用鋼

耐熱材料としては，温度範囲によって耐熱用鋼，超合金，セラミックスなどが用いられる。材料に一定な荷重を負荷し続けると，時間の経過とともに変形が進んでいく現象を**クリープ**（creep）と呼ぶ。絶対温度で表示した融点の3割を超すと問題となる。耐熱用鋼には，鉄鋼のクリープ強さを高めるMoやCr，**高温耐酸化性**（oxidation resistance）を向上させるCr，Al，Siなどが添加されている。図6.3に，各種耐熱鋼の耐酸化性から見た最高使用温度を示す。

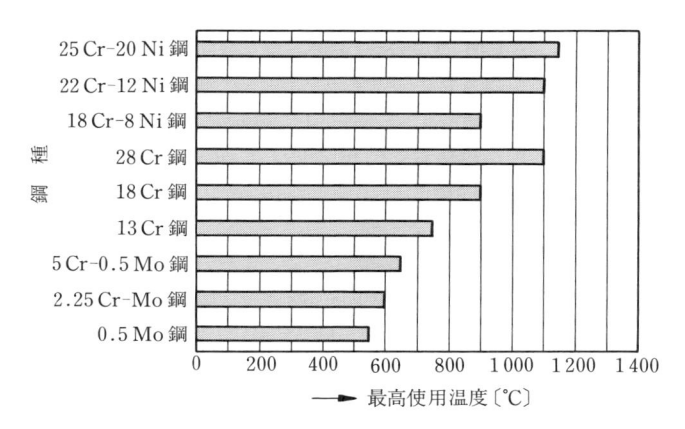

図 6.3　耐熱鋼の最高使用温度

6.2.5　鋳鉄品と鋳鋼品

同じ形状の部品を量産したり，複雑な形状の部品を製作したりする場合には，素材から鍛造や切削加工で造るよりも，鋳造によるほうが容易であり経済的である。鋳物材料としては，融点の低いこと，湯の流動性がよいこと，凝固の際の収縮が小さいことなど，各種の性質が要求される。

〔1〕**鋳 鉄 品**　　鋳鉄の主成分は Fe-C-Si であり，炭素鋼よりもはるかに炭素の割合 C〔%〕が高く，大部分の炭素は**黒鉛**（graphite）として存在している。黒鉛による切断面の色から**ねずみ鋳鉄**（gray cast iron）と呼ばれる。FC 100～350 が規定されている。数字は引張強さ（単位は MPa）を表している。図 6.4 にバルブコックの鋳鉄品を示す。

ねずみ鋳鉄の特性は，片状黒鉛によって固体潤滑効果，高減衰能，圧縮強さなどが大きく影響される。また，650°C 以上の加熱冷却の繰返しで鋳鉄の成長が問題となる。ねずみ鋳鉄では，片状黒鉛が応力集中を受けて割れの起点となりやすい。そこで応力集中による割れの発生を抑えるために，溶融時に Mg や Ce を添加し，鋳造のままで球状の黒鉛としたものが**球状黒鉛鋳鉄**（nodular graphite cast iron）と呼ばれる。延性に優れているので，**ダクタイル鋳鉄**（ductile cast iron）とも呼ばれ，FCD 370～700 が規定されている。

106　　6. 機 械 材 料

図 **6.4**　鋳鉄品のバルブコック

　原料の**白銑**（white pig iron）を熱処理によってフェライト組織中に割れの発生になりにくい**テンパーカーボン**（temper carbon）を生成させたものは，**黒心可鍛鋳鉄**（black heart malleable cast iron）と呼ばれる。また，鋼の成分に近づけ，延性を与えたものが白心可鍛鋳鉄（white heart malleable cast iron）である。パーライト素地の中に黒鉛を分布させ，引張強度や耐摩耗性を向上させたものが**パーライト可鍛鋳鉄**（pearlite malleable cast iron）である。鋳鉄品の分類を**表 6.3** に示す。

表 6.3　鋳鉄品の分類

名　　称	規　格	用　　途
普通鋳鉄品 強靱鋳鉄品	FC 100〜250 FC 300〜350	一般用機械部品，内燃機関部品，工作機械部品
フェライト球状黒鉛鋳鉄 （フェライト＋パーライト）鋳鉄 パーライト鋳鉄	FCD 370〜400 FCD 450〜500 FCD 600〜700	耐圧鋳物，各種耐熱部品 鋳鉄管，バルブ部品 カム軸，クランク軸
黒心可鍛鋳鉄品 白心可鍛鋳鉄品 パーライト可鍛鋳鉄品	FCMB 270〜360 FCMW 330〜540 FCMP 440〜690	管継手，農機具 使用例少なし 車軸，シリンダライナ

〔2〕**鋳　鋼　品**　　鋼は機械的性質が優れているが，一般には融点が高いため鋳造が困難である。しかし，設計された機械部品の形状が複雑で，しかも高強度，高靱性，耐摩耗性，耐食性などが要求される場合には，**鋳鋼品**（steel cast）が用いられる。

6.3 非鉄金属材料

6.3.1 展伸材

構造用材料には，伸銅品という表現も使われる展伸用銅合金や，展伸用アルミニウム合金，チタン合金などがある。

〔1〕**展伸用銅合金**　純銅には，酸素の含有量によってタフピッチ銅，リン脱酸銅，無酸素銅などに分けられる。純銅といわれているほとんどのものはタフピッチ銅である。

合金としては**黄銅**（brass）系合金と**青銅**（bronze）系合金とに分けられる。強化方法によっては，熱処理による**時効硬化**（age hardening）型と，**冷間加工硬化**（work hardening）や**固溶硬化**（solid solusion hardening）による非時効硬化型とに分けられる。おもに，熱・電気の良導性および耐食性の良さが利用されている。これらをまとめて**表 6.4** に示す。

表 6.4 展伸用銅合金の分類

名　称	成分系	種　類	おもな用途
無酸素銅	Pure Cu	C 1020	電気部品，化学工業部材
タフピッチ銅	Pure Cu	C 1100	電気部品，建築部材
りん脱酸銅	Pure Cu	C 1201　C 1220　C 1221	建築部材，化学工業部材
黄　銅	Cu-Zn	C 2600　C 2680　C 2700 C 2800　C 2720　C 2801	機械部品，ラジエータ，配線器具
快削黄銅	Cu-Zn-Pb	C 3560　C 3561　C 3601〜 C 3605　C 3710	ボルト，ナット，スピンドル，歯車
ネーバル黄銅	Cu-Zn-Sn	C 4621　C 4622　C 4640 C 4641	船舶用部品，熱交換器用管板
りん青銅	Cu-Sn-P	C 5210	ばね
アルミニウム	Cu-Al	C 6140　C 6161　C 6191 C 6241　C 6280　C 6301	船舶用などのシャフト，ブッシュ，車両
高力黄銅	Cu-Zn-Fe-Al-Mn	C 6782　C 6783	プロペラ軸，ポンプ軸
白　銅	Cu-Ni	C 7060　C 7150	熱交換器用管板，溶接管

〔2〕**展伸用アルミニウム合金**　アルミニウムは，鉄鋼の約1/3程度の密

度（$\rho=2.70$）で軽量化が図られる。耐食性，電気および熱の伝導性，磁気シールド性などがよく，圧延加工がしやすいので用途が広い。一般構造用 Al 合金の Al-Mg 系，Al-Mn 系，Al-Si 系は冷間加工によって強化された，**非熱処理型合金**（non-heat treatable alloy）で H 材として用いられる。Al-Cu 系，Al-Mg-Si 系，Al-Zn-Mg-Cu 系などは熱処理型合金で T 材として用いられる。A 2024 は**超ジュラルミン**（super duralmin），A 7075 は**超々ジュラルミン**（ultra super duralmin）と呼ばれ，航空機の機体材料として用いられている。その強度は 600 MPa 程度にもなっている。

Cu を含む時効合金は耐食性が著しく低いので，表面に耐食性のよいアルミ板を張り合わせて使用される。これらは**表 6.5** のように分類される。

表 6.5　アルミニウム合金展伸材の分類

系 列	種 類	おもな用途
純 Al 系	A1100　A1200 A1N00　A1N30	一般器物，建築部材，電気器具，日用品，各種容器，アルミニウム箔
Al-Cu-Mg 系	A2014　A2017　A2024	航空機部材，各種構造部材
Al-Mn 系	A3003　A3004	一般器物，船舶部材，建築部材，飲料缶，カラーアルミ，フィン材
Al-Mg 系	A5005　A5052 A5N01　A5083	建築部材，飲料缶，圧力容器，台所用品，低温用タンク，車両内装用品，
Al-Mg-Si 系	A6061	リベット接合構造部材
Al-Zn-Mg 系	A7075　A7N01	航空機部材，車両，陸上構造物

各種航空機の機体材料など，軽量高強度材としての比強度（引張強度／比重）の比較を**図 6.5** に示す。

〔3〕 **チタン合金**　チタン消費の大部分は，CP チタンと呼ばれている工業用純チタンであり耐食材料として使われる。チタンの優れた耐食性は，ち密な酸化皮膜として Ti の表面を被覆する TiO_2 によるもので，これはステンレス鋼における Cr_2O_3 や，アルミニウム合金における Al_2O_3 と同様な働きである。

実用チタン合金は α 合金，$\alpha+\beta$ 合金，β 合金と分類されている。中でも $\alpha+\beta$ 合金の Ti-6 Al-4 V が構造用に多用されている。大きな**スプリングバッ**

6.3 非鉄金属材料

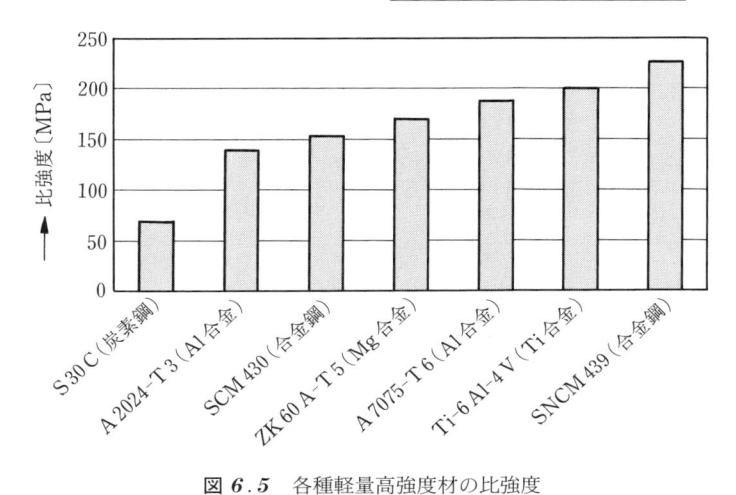

図6.5 各種軽量高強度材の比強度

ク（spring back）と，優れた深絞り性を生かす成形加工条件を選定する必要がある。溶接方法は **TIG**（tungsten inert gas）溶接を用いることとなる。

6.3.2 鋳物用合金

非鉄合金の鋳物には鋳造用 Cu 合金や Al 合金，**ダイキャスト**（die casting）用の Al 合金や Zn 合金，Mg 合金などが用いられている。

〔1〕 **鋳造用 Cu 合金**　Cu 合金鋳物には，**表6.6** に示す種類のものが規定されている。

Cu 合金は密度が大きいのでケースには適しないが，電気および熱の伝導性，耐摩耗性，耐食性などを利用した用途が多い。

機械部品としての青銅鋳物は，ほとんどが**砲金**（gun metal）であり，Sn の一部を Zn で代用することで価格を下げ，かつ鋳造性を改良している。

アルミニウム青銅は，肉厚が大きな場合，**自己焼なまし**（self annealing）によってもろい性質を示すようになるので，それを防ぐために急冷している。

〔2〕 **鋳造用 Al 合金**　鋳物用 Al 合金としては，非熱処理型合金の Al-Si 系合金および Al-Mg 系合金，熱処理型合金の Al-Cu-Mg-Si 系合金および Al-Mg-Si 系合金などがある。

6. 機械材料

表 6.6 鋳物用 Cu 合金の分類

種類	組成	用途
青銅 (BC 1,2,3,6,7)	Cu-2〜11 Sn-1〜12 Zn-1〜7 Pb	軸受,スリーブ,ポンプ,バルブコック,歯車など
黄銅 (YBsC 1〜3)	Cu-11〜41 Zn	給排水金具,電気部品
高力黄銅 (HBsC 1〜4)	Cu-22〜42 Zn-0.5〜4 Fe-0.5〜7.5 Al-0.1〜5 Mn-0.5〜1 Ni	一般機械部品
鉛青銅鋳物 (LBC 2〜5)	Cu-6〜11 Sn-4〜22 Pb	軸受
アルミニウム青銅 (AlBC 1〜4)	Cu-6〜10.5 Al-1〜6 Fe-0.1〜6 Ni	船舶用プロペラ,バルブ,ポンプ部品,歯車など
シルジン青銅 (SzBC 1〜3)	Cu-9〜16 Zn-3.2〜5 Si	バルブコック,船舶用部品

ラウタル(lautal),**シルミン**(silmin)は,鋳造性がよく,薄肉鋳物に適している。**Y 合金**(Y alloy)は,耐熱性に優れ,熱膨張率が小さくて,**ローエックス**(**lo-ex**:low expansion の略)と呼ばれる AC 8 A とともにエンジン用に金型鋳造される。これらを**表 6.7** に示す。

表 6.7 アルミニウム合金鋳物

種類	呼び名	組成	用途
AC 2 A	ラウタル	Al-3 Si-4 Cu	シリンダヘッド,
AC 3 A	シルミン	Al-12 Si	ケースカバー,ハウジング
AC 4 A	γ-シルミン	Al-9.5 Si-0.5 Mg	クランクケース,ギヤボックス,ミッションケース
AC 5 A	Y 合金	Al-4 Cu-1.5 Mg-Ni	空冷シリンダヘッド
AC 8 A	ローエックス	Al-12 Si-0.8 Cu-1.2 Mg-0.5 Ni	自動車用ピストン

〔3〕 **ダイキャスト用合金** 使用されている**アルミニウムダイキャスト用合金**(**ADC**)は,ほとんどが ADC 12 である。軽量化に役立つので自動車のエンジン部品に利用されている。

亜鉛ダイキャスト合金(**ZDC**)は,鋳込み温度が低いので寸法精度の高いものも鋳造できる。耐食性の面からニッケルクロムメッキをすることが多い。

マグネシウムダイキャスト用合金(**MDC**)は,その比重の小さいことによ

り，比強度がダイキャスト合金中で最も高いのが特徴である。

6.4 高分子材料

高分子（polymer）材料は，プラスチック，繊維，フィルムとして使われる以外に，ゴムや接着剤として大量に使われている。**エンジニアリングプラスチック**（engineering plastic）は，金属の競合材として使われるようになった。

6.4.1 プラスチック

現在，実用化されているプラスチックは数十種類を超える。新規材料の開発として盛んな**ポリマーアロイ**（polymer alloy）などの種類を入れると，おびただしい数になる。**表 6.8** にプラスチックの分類を示す。

表 6.8 プラスチックの分類

汎用エンプラ（略号）	スーパエンプラ（略号）
ポリアミド（PA）， ポリアセタール（POM）， ポリカーボネート（PC）， ポリフェニルオキサイド（PPO）， ポリブチルテレフタレート（PBT）	ポリフェニレンサルファイド（PPS）， ポリエチレンテレフタレート（PET）， ポリイミド（PI），ポリアミドイミド（PAI）， ポリエーテルイミド（PEI）， ポリエーテルエーテルケトン（PEEK）
熱硬化性樹脂（略号）	熱可塑性樹脂（略号）
フェノール樹脂（PF）， エポキシ樹脂（EP）， メラミン樹脂（MF）， ポリウレタン樹脂（PUR）， シリコーン樹脂（Si），ポリイミド（PI）	ポリエチレン（PE），ポリプロピレン（PP）， ポリスチレン（PS），ポリ塩化ビニル（PVC）， アクリルブタジエンスチレン（ABS）， ポリメチルメタアクリレート（PMMA）， その他多くの汎用エンプラ

汎用プラスチックは，強度より安価であることが理由で大量に使用される。エンプラ（エンジニアリングプラスチックの略）には5大汎用エンプラと，耐熱性の高いスーパエンプラとがある。**表 6.9** には，最も多く使用されている汎用エンプラの特性比較，および用途例を示す。

熱可塑性樹脂（thermo plastics）と**熱硬化性樹脂**（thermo-set plastics）に分類されるが，熱可塑性樹脂は生産されている樹脂の約80%を占める。その

112   6. 機 械 材 料

表 6.9 5大汎用エンプラの比較

種類	特性	用途例
PA	電気特性・低温特性，耐摩擦・摩耗特性，耐薬品性，自己消火性，耐衝撃性などに優れる。吸水による寸法変化大	歯車，軸受，キャスタ
POM	高強度，耐疲労性，耐摩擦・摩耗特性，耐薬品性，接着性，耐候性などが悪い。成形収縮率が比較的大	歯車，軸受
PC	寸法安定性，耐クリープ性，耐熱性，耐候性，低温特性，耐衝撃性，電気特性などに優れる。耐薬品性に劣る。応力亀裂を起こしやすい	自動車バンパランプレンズ，電動工具，建材
PPO	高強度，成形性，電気特性，耐酸性・耐アルカリ性，耐熱性，耐水性などに優れる。有機溶媒に侵される	ケミカルポンプ，自動車部品
PBT	難燃性，耐候性，耐疲労性，耐摩擦・摩耗特性，成形性，電気特性などに優れる。耐熱水性・耐アルカリ性に劣る	バルブ，歯車，軸受，カメラ部品

中でも，PE，PP，PS，および PVC だけで全体の 70%以上の生産量に達している。

その一例として，図 6.6 にはエンプラの自動車部品を示す。

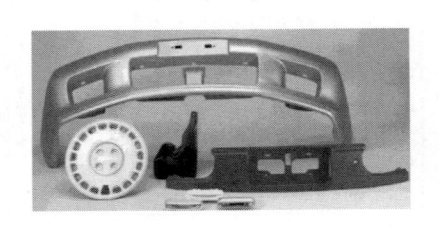

図 6.6 自動車部品へのエンプラの適用例

6.4.2 エラストマー

弾性体材料 (elastomer) としてのゴムの特徴は，きわめて小さな力で大きな変形を引き起こし，力を取り去るとただちにもとの状態に戻る点にある。特に，膜やシート状の場合には，ほかの材料で代替できない独特の機能材料である。

ゴムは線形高分子といわれる分子構造を持つ。硫黄などを添加することによって，生ゴム（原料ゴム）は線状ポリマーから網目状ポリマーに変化し，完全な弾性体となる。このように，**加硫** (vulcanization) によって，成形性や強度の向上，使用温度範囲の拡大など実用性が高められる。常温でゴム弾性を示

し，高温では熱可塑性プラスチックと同様な可塑性を示すポリマーを，**熱可塑性エラストマー**（**TPE**：thermo plastic elastomer）という．**表6.10**にその分類を示す．

表 6.10 エラストマーの分類

（　）内は略号表示

汎用ゴム	天然ゴム(NR)，スチレンブタジエンゴム(SBR)，ブタジエンゴム(BR)，イソプレンゴム (IR)
特殊ゴム	ニトリルゴム(NBR)，クロロプレンゴム(CR)，アクリルゴム(AR)，ウレタンゴム(UR)，ブチルゴム(IIR)，クロロスルホン化ポリエチレンゴム(CSM)，エチレンプロピレンゴム(EPR)，フッ素ゴム(FR)，シリコーンゴム(Si)，多硫化ゴム(TR)，エピクロルヒドリンゴム(ECO)
熱可塑性エラストマー	オレフィン系(TPO)，ウレタン系(TPU)，エステル系(TPEE)，アミド系(TPA)，塩ビ系，フッ素系，ポリブタジエン系，スチレン系

6.4.3 接着剤

表6.11に各種接着剤の特性とその用途をまとめて示す．

表 6.11 接着剤の分類

接着剤の種類	特性	用途
酢酸ビニル樹脂系エマルジョン	使用量が多い 耐水性に劣る	木工，包装，建築用，二次合板など
アクリル樹脂系エマルジョン	耐水性に優れる，弾性がある，粘着剤として重要	繊維，建築用
合成ゴム系ラテックス	初期接着強さは非常に高い	製本，建築用
ニトリルゴム系接着剤	速乾性，引火性，毒性，接合部は硬化せず	皮革，ゴム，軟質塩化ビニル用
エポキシ系接着剤	使用前の計量・混合が必要 引張り，せん断強度が大	構造用，機能性用
シアノアクリレート系接着剤	短時間に重合固化 保存が困難	小物部品，医療手術用
ホットメルト接着剤	アプリケータが必要	オイル缶のシール
嫌気性接着剤	空気中では安定，接着界面から空気が追い出されると硬化	ボルト・ナットの緩み防止，ネジ穴の漏れ防止
次世代接着剤(SGA)	計量や混合が不要，数分で高い接着性，油の付着面にも接着可	機械部品の接着の多い自動車工業で重要
無機接着剤	耐熱性が高い，熱膨張率を考慮する	炉材，点火プラグ，バーナ部品

接着剤接合法は，機械的接合法では得られない機能が認められ，利用が拡大してきた。接着強さでは，接着した物のせん断破壊強度とはく離破壊強度が重要である。実際には構造材料では割れ，衝撃，振動による破壊が多く，また非構造材料でははく離による破壊が問題となっている。

6.5 セラミックス材料

セラミックスは，粉末を目的の形状に成形し，化学反応が起きる温度で**焼結**(sintering)させて作られる。天然原料は大部分が酸化物系であり，不純物を多く含むので，材料の特性を制御するのが困難である。そこで人工の非酸化物系（炭化物や窒化物，ホウ化物，ケイ化物など）の材質も幅広く使われるようになった。酸化物系セラミックスは焼結しやすいが，非酸化物系セラミックスは焼結体を作りづらく，高温下でも高強度が保たれるので，高温強度構造材料として使われる。

セラミックスは耐熱性，耐食性，耐摩耗性，硬さに優れるが，もろさという欠点がある。靭性をもつ窒化けい素の開発や，セラミックスの後加工が可能となり，さらに接着・接合技術の進歩により，機械材料の仲間入りをするようになった。**エンジニアリングセラミックス**（engineering ceramics）の分類を表 **6.12** に示す。

表 **6.12** エンジニアリングセラミックスの種類と用途

シリカ	アルミナ	ジルコニア	炭化けい素	窒化けい素
SiO_2	Al_2O_3	ZrO_2	SiC	Si_3N_4
ガラス製品，光ファイバ	IC 基板，磁器，耐火物，点火プラグ	機械部品，工具，刃物	研磨研削材，抵抗発熱体，メカニカルシール	ガスタービン用翼，エンジン部品，ボールベアリング

6.5.1 シリカ

シリカ（SiO_2）は実用ガラスの基本となっている。ガラスが破壊するときには，引張応力が表面の傷に応力集中して破壊に至る。板ガラスの表面にあらか

じめ圧縮応力をかけておくと，破壊時の引張応力がかかるまでにより大きな負荷を要するので，これを利用して強度を増すことができる。ガラスの軟化点付近の温度（800°C）まで加熱し，両面から強制的に空気を吹きつけて急冷する。これを風冷強化ガラスといい，板ガラスの代表的な強化法である。また，母ガラス（組成：Na_2O-0.6 CaO-4 SiO_2）を，高温でKNO_3の溶融塩と接触させ，直径の小さいNaイオンと直径の大きいKイオンとの間でイオン交換を起こさせることによって表面層に圧縮応力を作り出したものを，イオン交換強化ガラスという。

通常のガラスの軟化点は500～550°Cである。耐熱衝撃性も低く，70°C以上の温度から0°Cの水中に急冷すると割れてしまう。低熱膨張にすることで熱応力を小さくし，耐熱衝撃性がある耐熱性ガラスとしてアルミノシリケートガラスは作られた。その軟化点は900°Cである。溶融・成形・徐冷したガラスを再度加熱することによって結晶集合体となったものを，**結晶化ガラス**（glass ceramics）と呼ぶ。溶融によって作られるので，表面が平滑で気孔のないち密なものとなり，より高温の使用条件に適用される。低膨張率の結晶化ガラスとしては，β-石英（SiO_2）とβ-スポジュメンとがある。

6.5.2 アルミナ

アルミナ（Al_2O_3）は，強い化学結合を持つイオン性結晶であるので，化学的にも物理的にもきわめて高い安定性を持つ。製造しやすいために比較的安価であり，耐熱性，高硬度，耐食性，生体適合性などに優れた特性を持つ代表的

図 **6.7** アルミナセラミックスの適用例

なセラミックスである。図 6.7 にはアルミナセラミックスの耐熱，耐食，電気絶縁部品への適用例を示す。

6.5.3 ジルコニア

ジルコニア（ZrO_2）はイオン性結晶であり，高い融点を持ち，耐熱性，高強度を有する。MgO や Y_2O_3 を添加してすべての温度範囲で立方晶にしたものが**安定化ジルコニア**（stabilized zirconia）である。MgO や Y_2O_3 の添加量を抑制して破壊靭性を向上させたものが，**部分安定化ジルコニア**（partial stabilized zirconia）である。部分安定化ジルコニア工具は，アルミナ系よりも高強度・高靭性であるが，鉄系合金に対して著しく摩耗しやすい。

6.5.4 炭化けい素

炭化けい素（SiC）は，物理的にも化学的にも安定で，高硬度，高温高強度，耐食性など優れた性質を持つ代表的なセラミックスである。研磨・研削材料としての用途がある。高い熱伝導率と低い熱膨張係数のために，耐熱衝撃性にも優れる。Si と C の共有結合はきわめて強固であるので，難焼結性である。ホットプレスによるヒータや電極，常圧焼結によるメカニカルシールや軸受などがある。

6.5.5 窒化けい素

窒化けい素（Si_3N_4）は共有結合性の強い結晶であって，物理的にも化学的にも非常に安定である。電気的に絶縁体であることと，熱伝導率が低いことがSiC と大きく異なる点である。セラミックスの中でも，高温における強度や靭性，耐熱衝撃性などに優れ，エンジン部材として利用を検討されている。射出成形でロータを成形し，金属シャフトとはロウづけして製造したターボチャージャロータや，セラミックボールに使用したボールベアリングに用いられている。

サイアロン（Si-Al-O-N）を含む窒化けい素系工具は，高強度，高靭性，

耐熱衝撃性に優れているが，耐摩耗性は若干劣る。超耐熱合金などの難切削材の切削に適している。鉄系合金の切削には，Si が Fe と反応するために不向きである。

6.6 複 合 材 料

複合材料は**母材**（matrix）と強化材とによって構成されるが，母材の種類によってプラスチック基，セラミックス基，金属基複合材料などに分けられる。また，強化材の形状によって繊維強化，粒子分散強化複合材料などにも分けることができる。いずれの場合も強化材と母材との界面の結合が最も重要である。

6.6.1 プラスチック基複合材料

繊維強化プラスチック（**FRP**：fiber reinforced plastics）には，強化材として使われる繊維の種類によって，GFRP（glass‐fiber），CFRP（carbon‐fiber），AFRP（aramide-fiber）と区分けすることもある。母材として使用される不飽和ポリエステルやエポキシ樹脂にロービング，クロス，またはマット状の繊維強化材をどのような形で複合させるかによって，特性が大きく変わってくる。繊維に平行な方向と直角の方向とでは，大きな異方性が認められる。通常はこの薄い単層をいろいろな角度に積み重ね，積層材を作る。

6.6.2 金属基複合材料

金属基複合材料として繊維強化金属（**FRM**：fiber reinforced metal）は，FRP が持つ欠点の耐熱性の低さをカバーし，繊維強化セラミックスの脆性をもカバーすることを目的としている。

強化繊維としては，カーボン，ボロン，SiC，Al_2O_3，W，Mo，SUS などが用いられる。母材としては Al 合金や Ti 合金などが用いられる。製品は比強度や比弾性が高く，耐熱性に優れた長所を持つが，複合過程が高温の場合が

多いため複合化が難しく，繊維コストが高いという短所は避けられない。自動車エンジンの部品や，航空宇宙機の耐熱構造材として応用されている。

粒子分散強化合金（particle dispersed strengthened metal）は，0.01～0.1μm 程度のセラミックスの微細粒子を金属母材に分散させた耐熱合金である。分散微粒子としては Al_2O_3，ThO_2，ZrO_2，SiO_2，MgO_2 などがあり，母材としては Al，Ni，Cu，Cr，Mo，Mg，Be などがある。超微粒子の製造が難しくてコスト高となり，製品の塑性加工が比較的困難であるということも欠点となる。用途は耐熱，耐摩耗材料であり，エンジンのインサート材やジェットエンジン部品などとなっている。

このほかに，2種以上の金属，または金属とプラスチックやセラミックスを貼り合わせて，それぞれの素材の持つ特性を兼ね合わせた**クラッド**（clad）**材**がある。

─ コーヒーブレイク ─

『土に還(かえ)る』

人類の歴史では石器・土器の時代から金属の時代に入り，青銅器・鉄鋼・アルミ合金の時代へと移ってきた。いまやプラスチック全盛の時代となっているが，今後はセラミックスの時代に移るだろうといわれている。実はこのセラミックス，始めに利用されていた石器，土器の仲間なのである。昔に戻ってきたのであろうか？

多くの金属は，もともと酸化物の形で地中にあった鉱石を人間の手でむりやり還元され，裸の形で使われている。自然にあったもとの状態に戻ろうとするのが錆(さ)びるということである。『土に還る』ということであろうか。昔からのセラミックス原料は自然な状態の酸化物であった。これらは使用済みになれば『土に還る』ことになる。

科学の進歩によって作られたプラスチックや非酸化物系のセラミックスは，これまで地上に存在しなかったものである。使用済みになった後には，土に還れない無残な姿をいつまでもさらしている。太古の人類が残した貝塚にも似ている。これからの工業技術では，『土に還る材料』と共存していくことを考えていかねばならない。

6.6.3 セラミックス系複合材料

セラミックスの場合には，繊維による強化や粒子分散による強化が行われる。

繊維強化セラミックス（fiber reinforced ceramics）として応用されている組合せは，炭素繊維／窒化けい素，炭素繊維／ガラス，SiC繊維／ガラス，鋼繊維／コンクリートなどがある。繊維表面にコーティングを施すことで，界面での接着強度を上げている。

粒子分散強化セラミックス（dispersion strengthened ceramics）は，母材のセラミックスの中に数 μm 以下のセラミックス，または金属の微粒子を分散したものである。分散粒子の強さよりも，母材と粒子の相互作用や粒子自身の変態を利用するものである。Al_2O_3 の中へ ZrO_2 粒子を分散させたものや，母材の Al_2O_3 粒子中に Mo 粒子を分散させた後に焼結を行い，強度の向上を図ったものがある。

7

機械要素・機械設計

「つくる」は作る・造る・創ると書くように,「機械をつくる」とはさまざまな工学技術を駆使する総合的な活動である.ここでは,機械を構成する要素,機械をつくるプロセス,機械の設計法について学ぶ.

7.1 機械を構成する要素

機械というと,鉄などの金属でできたもので大きな力を出すといったイメージがあるが,近年のエレクトロニクス技術の進歩から,コンピュータなどの情報機器も機械といえる.

コンピュータの端末として,文字や画像などの情報を出力するプリンタは現在の情報社会では欠かせない機械である.図 7.1 に示すように,プリンタはさまざまな要素やメカニズムで作られている.紙を送る機構と印字ヘッドを動かす機構,紙の有無を知らせるセンサ,コンピュータからの情報を記憶するメモリなどから構成されている.機械的には,モータの回転を減速し,大きなローラを回し,さらにその回転を歯車一つを介して小さなローラに伝え,紙が滑らかに送られるしくみとなっている.また,印字ヘッドはガイドで案内され,モータによって歯のついたベルトで動かされている.

図に示す要素のほか,機械を構成する要素には,⑦ 運動を変換する要素やメカニズムにはねじ,カム,リンク機構がある.さらに,⑧ 電気・電子・情報処理部には,スイッチのほか各種のセンサ,コンピュータやインタフェース回路,制御プログラムなどがある.また,⑨ 制動・エネルギーを制御する要

7.1 機械を構成する要素

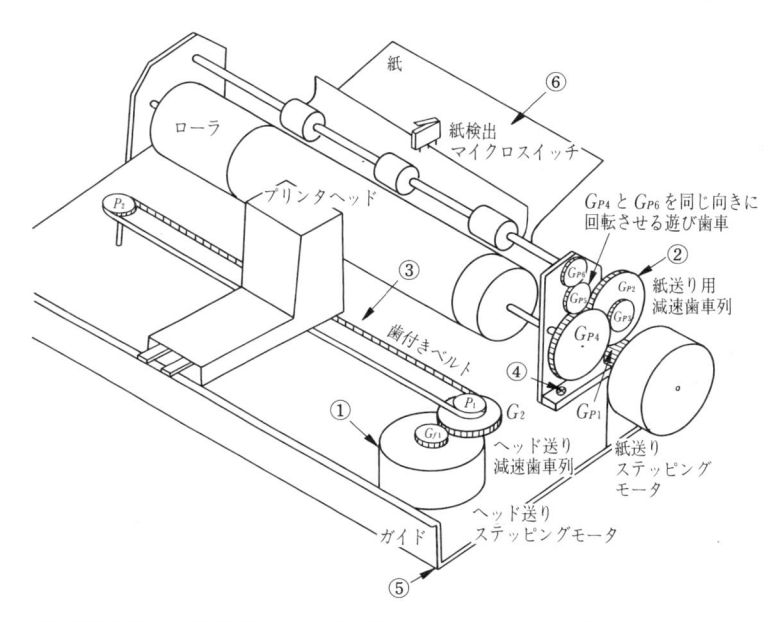

① 機械を動かす駆動源（モータ）：紙やプリンタヘッドを動かす
② トルク・回転数・動力を伝達する要素（歯車，タイミングベルトとスップロケット）および軸・軸受：回転数を変え，運動を伝達する
③ 動きを変換する要素・機構（タイミングベルト・案内とスップロケット）：回転運動を直線運動に変換する
④ 要素やユニットを固定・締結する要素（キー，ピン，ボルト，ナット，ねじ）
⑤ 要素やユニットを支える構造体（フレーム・ベース）
⑥ 機械を制御する要素スイッチ

図 7.1 プリンタのしくみ

素には，ばねやブレーキ，クラッチなどがあり，⑩ 流体を伝えて制御する要素，密封する要素として管，管継手，バルブ，パッキン，Oリング，シールなどがある。図の要素を含めた①〜⑩の構成要素やユニットはいろいろな機械に共通に使われ，これらをまとめて**機械要素**（machine element）と呼ぶ。

7.2 機械要素とメカニズム

7.2.1 機械を動かすパワー源

人に代わって仕事をする機械には，それを動かすための駆動源が必要である。駆動源にはエンジンや油空圧式のシリンダ，電気式のモータなどがある。

圧力を持たせた油や空気の力によって往復運動するのがシリンダである。図 7.2 (a) に示すように，左側のポートから油や空気を入れると，ピストンは前進し，逆にするとピストンは後退して左右に往復運動する。

油圧を使った機械を代表するものとして，図 (b) に示す建築・土木作業で

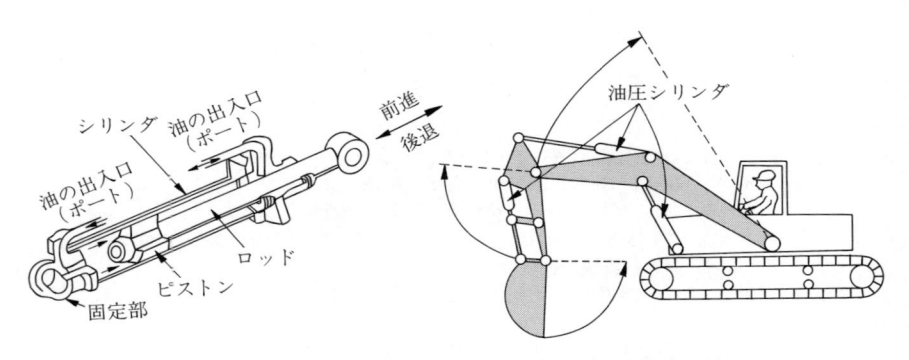

(a) シリンダのしくみ　　　(b) 重量物を運ぶ建設機械

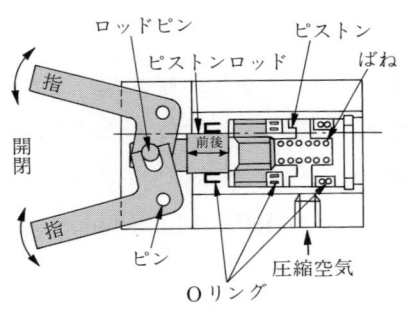

(c) ロボットのハンド

図 7.2　油空圧シリンダのしくみと応用

7.2 機械要素とメカニズム

使われるショベルカーがある。ショベルを動かすしくみにはリンク機構が使われ，油圧のシリンダで動かされている。空気を利用したものには，図(c)に示すロボットのハンドなどがあり，油圧に比べ，小さな力で動かす機械に使われる。

モータには，直流（DC）を電源とするDCモータ，交流（AC）を電源とするACモータがある。ロボットや工作機械の動きを制御するには，急加速や停止ができるように工夫されたモータが使われている。このような制御を目的としたモータをサーボモータと呼び，一般の機械を動かすだけのモータと区別している。サーボモータには，DCサーボモータ，ACサーボモータ，パルス信号によって駆動されるステッピングモータがある。これらのモータは制御のしやすさ，メンテナンスなどを考えて使われている。

機械の駆動源には，機械を必要な速さで動かすのに十分な力，パワーが必要である。エンジンのパワーの大小を表すのに何馬力であるといったりする。これは1秒間に機械がどれだけの仕事をできる能力があるかを表し，出力，動力，仕事率などとも呼ばれ，単位として〔W〕が使われる。

物体に力 F〔N〕を働かせて，直線的に速度 v〔m/s〕で動かす場合のパワー P〔W〕はつぎの式で表される。

$$P = Fv \quad \text{〔W〕} \tag{7.1}$$

機械では，エンジンやモータに見るように回転運動する場合が多い。図 7.3 の回転運動の場合には，パワー P〔W〕はトルク T〔N·m〕と回転速度 n〔rpm〕によってつぎの式で表せる。つぎの式で ω〔rad/s〕は角速度である。

図 7.3 直線運動と回転運動のパワー

$$P = T\omega = T\frac{2\pi n}{60} \qquad (7.2)$$

7.2.2 力・トルク・回転数・動力を伝える軸と要素

〔**1**〕 **動力を伝達する要素**　図 **7.4** に示すように，自転車では，ペダルに加えられた力を後輪に伝えるためにチェーンが使われている。回転運動の速度を変えたり，回転力（トルク）を変えて伝えるには，**チェーン**（chain）のほか，**ベルト**（belt）や**歯車**（tooth gear）も使われる。

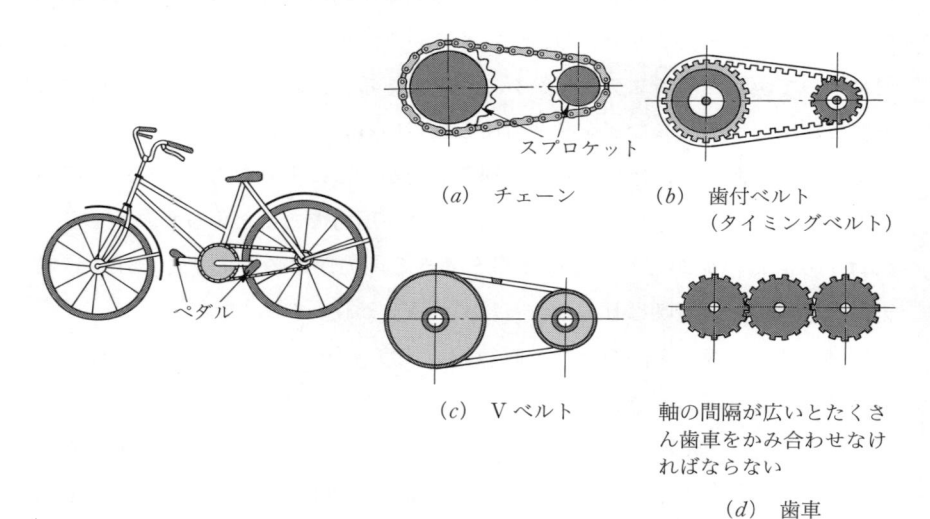

(a) チェーン　　スプロケット
(b) 歯付ベルト（タイミングベルト）
(c) Vベルト
(d) 歯車　　軸の間隔が広いとたくさん歯車をかみ合わせなければならない

図 **7.4** 動力の伝動装置

〔**2**〕 **軸とその要素**　動力伝達では回転する部分が必ずある。その基本となるのが**軸**（shaft）である。軸には図 **7.5** に示すように，**軸受**（bearing），**軸継手**（coupling），**クラッチ**（clutch）などが取りつけられる。

〔**3**〕 **歯　　車**　歯車は2枚以上の歯車がかみあって初めて働きを持ち，モータやエンジンの回転数や回転の向きを変えるのに使われている。また，図 **7.6** に示すように，計測器のダイヤルゲージに使われ，測定子の動きを拡大して指針を動かす拡大機構としても利用される。

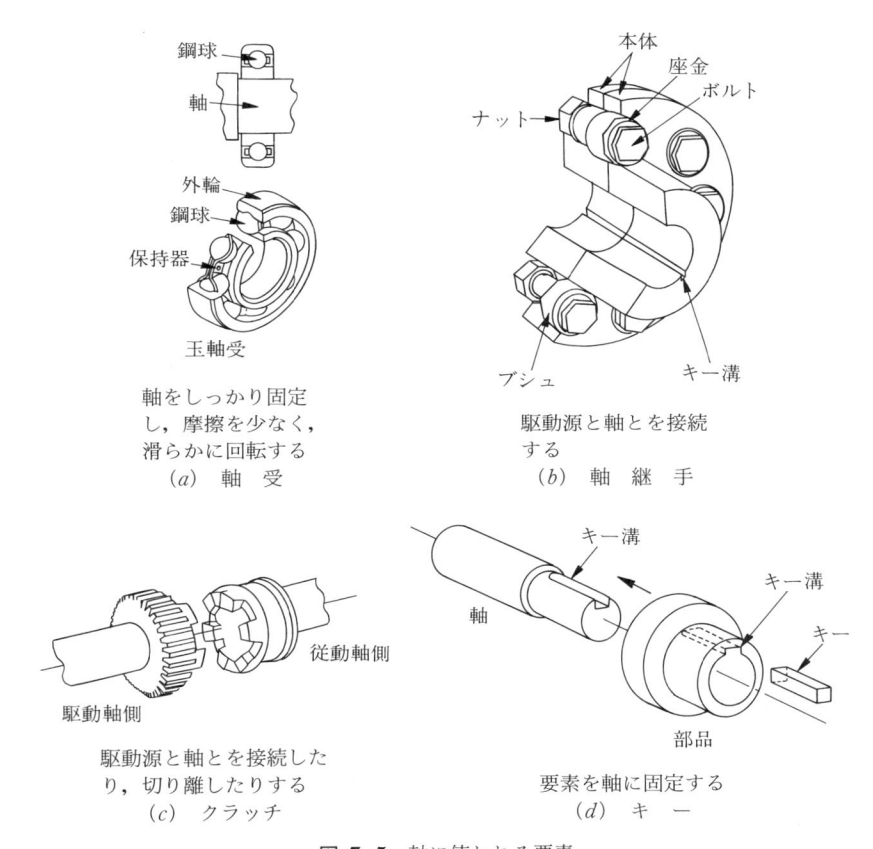

7.2 機械要素とメカニズム　　125

図 7.5　軸に使われる要素

図 7.7 に示すように，歯車にはいろいろなものがある。

歯の大きさを表すには**モジュール**が使われる。モジュール m とは歯車のピッチ円の直径 D を歯数 z で割った値で，つぎの式で表される。

$$m = \frac{D}{z} \tag{7.3}$$

図 7.8 に示すように，モジュールによって歯車の各部の寸法が決まっていて，かみ合っている二つの歯車のモジュールは等しい。また，モジュールが大きい歯車の歯は歯厚が厚い。このようにモジュールは歯車にとって大切な値で

7. 機械要素・機械設計

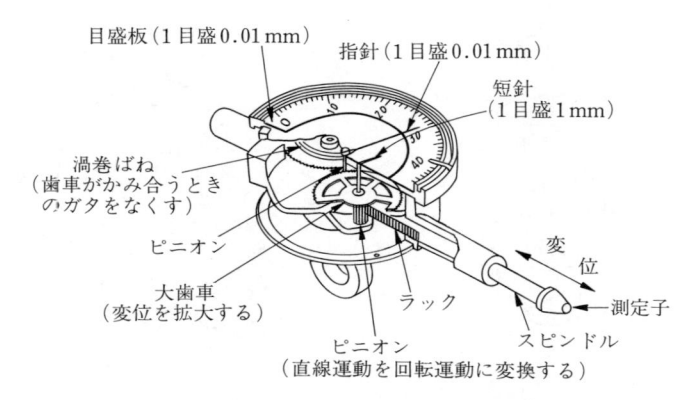

図7.6 の説明ラベル：
- 目盛板（1目盛0.01 mm）
- 指針（1目盛0.01 mm）
- 短針（1目盛1 mm）
- 渦巻ばね（歯車がかみ合うときのガタをなくす）
- ピニオン
- 大歯車（変位を拡大する）
- ラック
- ピニオン（直線運動を回転運動に変換する）
- 変位
- 測定子
- スピンドル

測定子のわずかな変位が，歯車によって回転運動に変換・拡大されて最小 0.01 mm を指示できる

図7.6 歯車の使われ方（ダイヤルゲージ）

ある。

歯車を使う目的の一つには，必要な回転数を得ることがある。それには，**図7.9**に示すように歯車を組み合わせればよい。歯数 Z_a の歯車 a と歯数 Z_b の歯車 b がかみ合い，歯車 a が 1 分間に回転数 n_a で回転し，それに合わせて歯車 b が回転数 n_b で回転すると，歯車 a の回転数 n_a と歯数 Z_a の積と歯車 b の回転数 n_b と歯数 Z_b の積は等しい。

このことから歯車 a と歯車 b の回転数の比，すなわち，**速度伝達比**（transmission ratio）i はつぎの式で表される。

$$i = \frac{n_a}{n_b} = \frac{Z_b}{Z_a} \tag{7.4}$$

図7.9 において，歯車 a が 1 回転すると 20 枚の歯が歯車 b とかみ合い，歯車 b の歯も 20 枚かみ合う。歯車 b の歯数は 60 枚なので，歯車 a は 1 回転しても歯車 b は 1/3 回転しかしない。歯車 a が 3 回転し，60 枚の歯がかみ合って，歯車 b は 1 回転する。したがって，速度伝達比は 3 となる。

歯車を組み合わせて回転数を変えると，モータやエンジンのパワーには限界があるので，式(7.2)より回転数が低くなれば大きなトルクを出すことになな

7.2 機械要素とメカニズム　　127

最もよく使われている歯車で，歯すじが直線で軸に平行な円筒歯車である

(a) 平歯車

平歯車の歯すじが斜めになった歯車で，平歯車より大きなパワーを静かに円滑に伝えられる

(b) はすば歯車

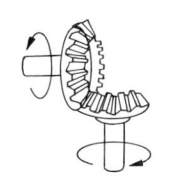

円錐形の歯車で，交わる二つの軸間に力を伝えることができる

(c) すぐばかさ歯車

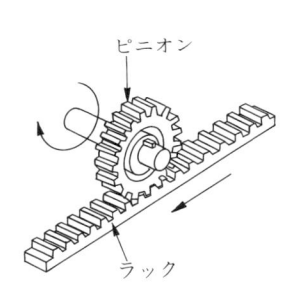

ピニオンを回転してラックを直線運動させたり，この逆の動きもできる

(d) ラックとピニオン

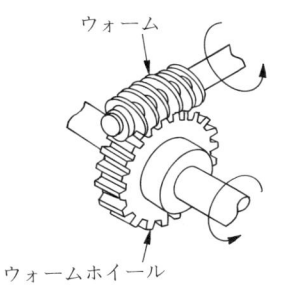

同じ平面にない二つの軸の直角な運動を伝達するのに使われる。ウォームを回転してウォームホイールを回すことはできるが，その逆はできない。比較的小形な装置で大きな速度伝達比が得られる

(e) ウォームギヤ

図 7.7　歯車のいろいろ

る。走り始めるときにはエンジンの回転数を低くし，大きな力を出して発進し，走り出してはずみがついたら回転数を上げることはたいていの人がよく経験している。

1組の歯車を使うとたがいの回転方向は逆になり，図 **7.10** のように2組の歯車を使うと，初めの歯車の回転方向と最終の歯車の回転方向は同じになる。

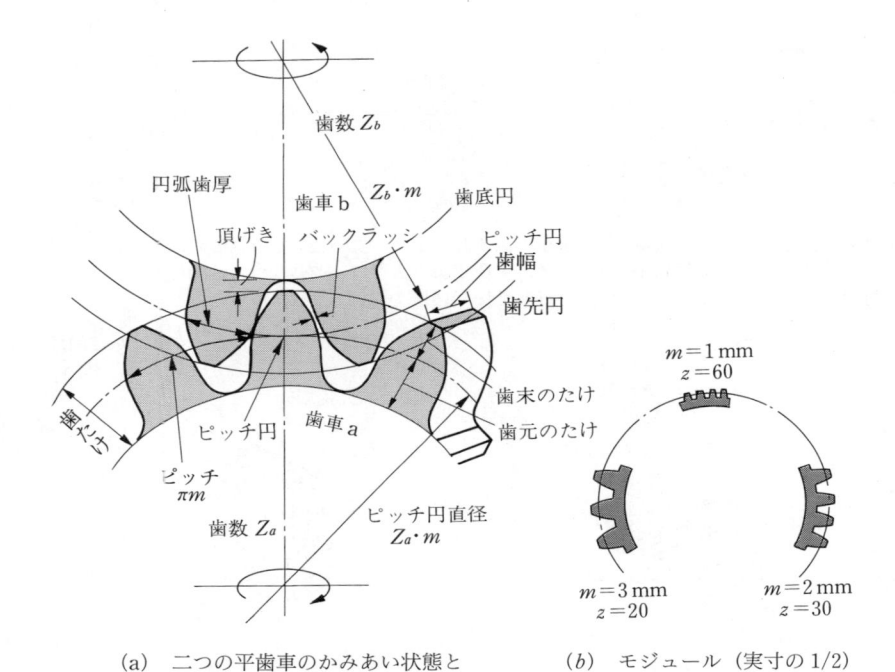

(a) 二つの平歯車のかみあい状態と歯車の各部の名称

(b) モジュール（実寸の1/2）

図 7.8 歯車の各部の名称

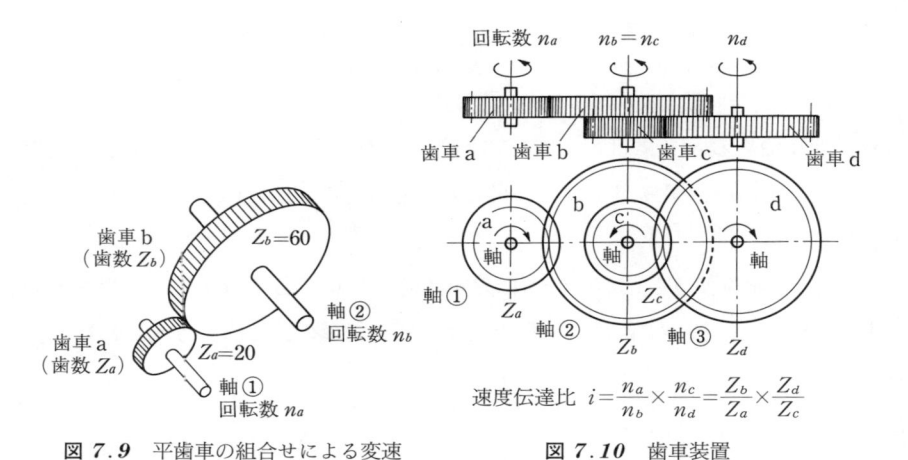

図 7.9 平歯車の組合せによる変速

図 7.10 歯車装置

速度伝達比 $i = \dfrac{n_a}{n_b} \times \dfrac{n_c}{n_d} = \dfrac{Z_b}{Z_a} \times \dfrac{Z_d}{Z_c}$

7.2.3 要素やユニットを固定する要素

いろいろな機械要素をベースやフレームに固定するには**ねじ**（screw thread）がよく使われている。家庭内を見てもいろいろな機械にねじが使われているように，ねじは機械の部品としてたいへん身近なものである。

部品を固定するには，ねじ以外に溶接，接着，リベットによる方法があるが，これらの方法では一度固定した部品を分解することができない。それに対して，ねじを使って部品を固定すれば，必要なときに容易に分解できる特長がある。

図 *7.11* に示すように，分解可能な固定方法にはねじを使わない方法として，プラスチックの弾性変形を利用した**ファスナ**，**ピン**，**止め輪**などがある。また，図 *7.5*(*d*)に示すキーがある。

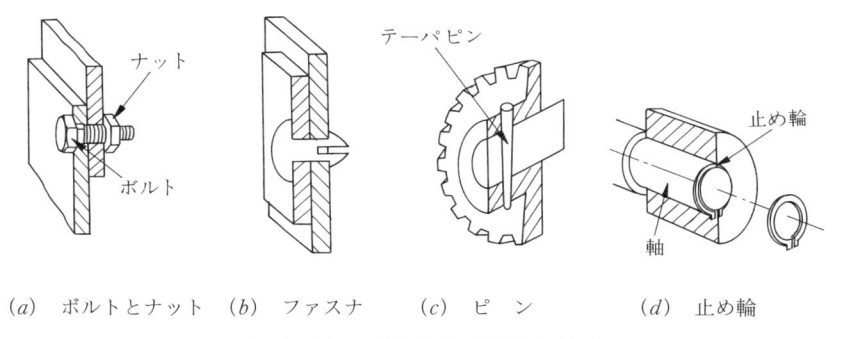

(*a*)　ボルトとナット　(*b*)　ファスナ　(*c*)　ピ　ン　(*d*)　止め輪

図 *7.11*　分解できる部品の固定方法

ねじは，形状やしくみによって三角ねじ，角ねじ，台形ねじ，丸ねじ，ボールねじなどがある。

図 *7.12* に示すように，三角ねじはねじ山が三角形で，ねじ山の角度が60°である。山の斜面に摩擦力が働いて緩みにくく，締めつけるのに使われている。

ボールねじは，おねじとめねじの間にボールが入っていて，それが転がるので摩擦がたいへん小さく，正確な位置決めを要する工作機械の駆動機構に使われる。

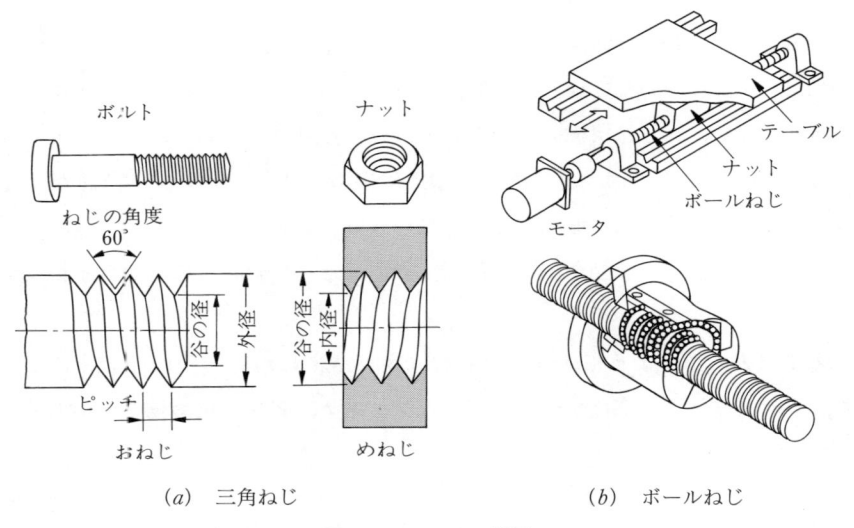

130　　7．機械要素・機械設計

(a)　三角ねじ　　　　　　　(b)　ボールねじ

図 7.12　ねじの種類

ねじ部品には，**ボルト**や**ナット**のほかに，**図 7.13** に示すように**小ねじ**，**止めねじ，木ねじ，タッピングねじ**がある。小ねじは呼び径 8mm 以下の頭つきねじで，ねじ山の形は三角形である。これらのねじは－や＋のドライバーで頭を回すため，すりわりや十字穴がつけられている。

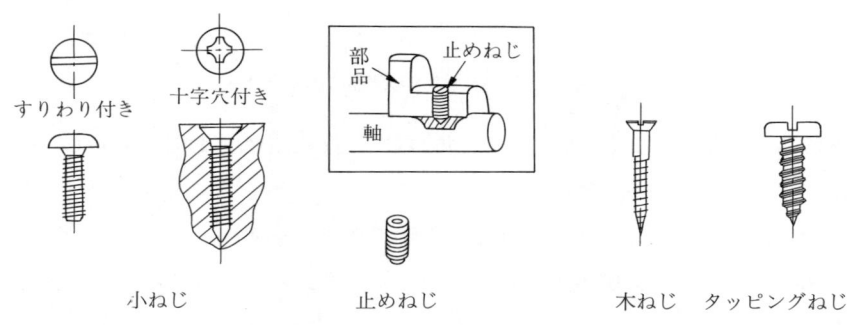

小ねじ　　　　　止めねじ　　　　　木ねじ　タッピングねじ

止めねじ：部品を固定するのに使われるねじ。頭がなく，すりわりや六角穴がつけてある

タッピングねじ：めねじのない穴に直接ねじこむ。薄い鋼板やアルミニウム材に使われる

図 7.13　いろいろなねじ部品

ねじは，**図7.14**に示すように，直角三角形を円筒に巻きつけてできるらせんを円筒面につけたものと考えることができる。おねじは円筒面にらせん状のねじ山をつけたねじで，めねじは穴の内面にねじ山をつけたねじである。

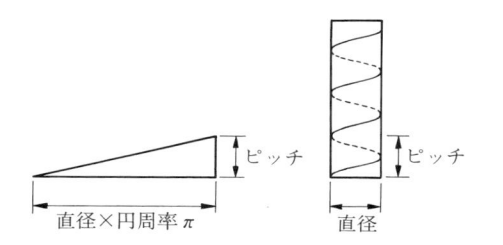

図7.14 ねじのしくみ

このように，ねじは斜面の働きを利用した部品である。らせん階段を登れば，遅くなるが楽に高い階に行けるように，斜面を使うと重い物を容易に高いところまで持ち上げられる。このことは，ねじを小さな力で回転しても，ねじの軸方向に大きな力を出せることを意味する。これを利用し，小さなトルクのモータでねじを回転し，重い工作機械のテーブルを切削抵抗に逆らって動かすことができる。

7.2.4 動きを変換する要素・機構

〔1〕 **メカニズム** 歯車やねじは動力を伝える要素であるとともに，機械

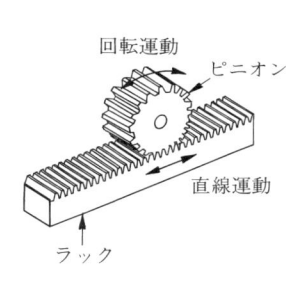

(a) ラックとピニオンによる駆動機構

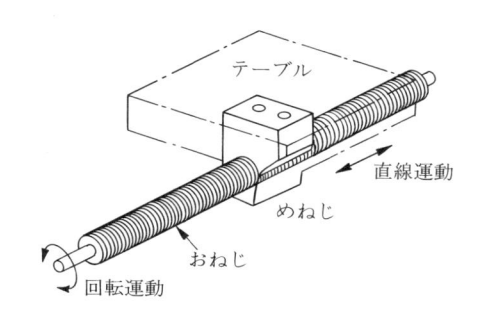

(b) ねじによる駆動機構

図7.15 歯車やねじによる機械の駆動のしくみ

7. 機械要素・機械設計

の動きを変換する要素でもある。機械は回転運動や直線運動を基本にして，図 7.15 に示す歯車やねじを使った機構によって直線運動を回転運動に変換したり，その逆に変換したりしている。また，これらの機構によって回転数や速度，回転角や変位を変えてさまざまな動きを実現している。

機械は複雑な動きをしているようでも，実際には同じ動きを繰り返していることが多い。図 7.16 に示すように，エンジンでは，圧縮されたガソリンと空気の混合気に点火すると，混合気は爆発的に燃焼し，大きな圧力でピストンを押し下げ，連接棒（コンロッド）を介してクランク軸を回転する。また，ピ

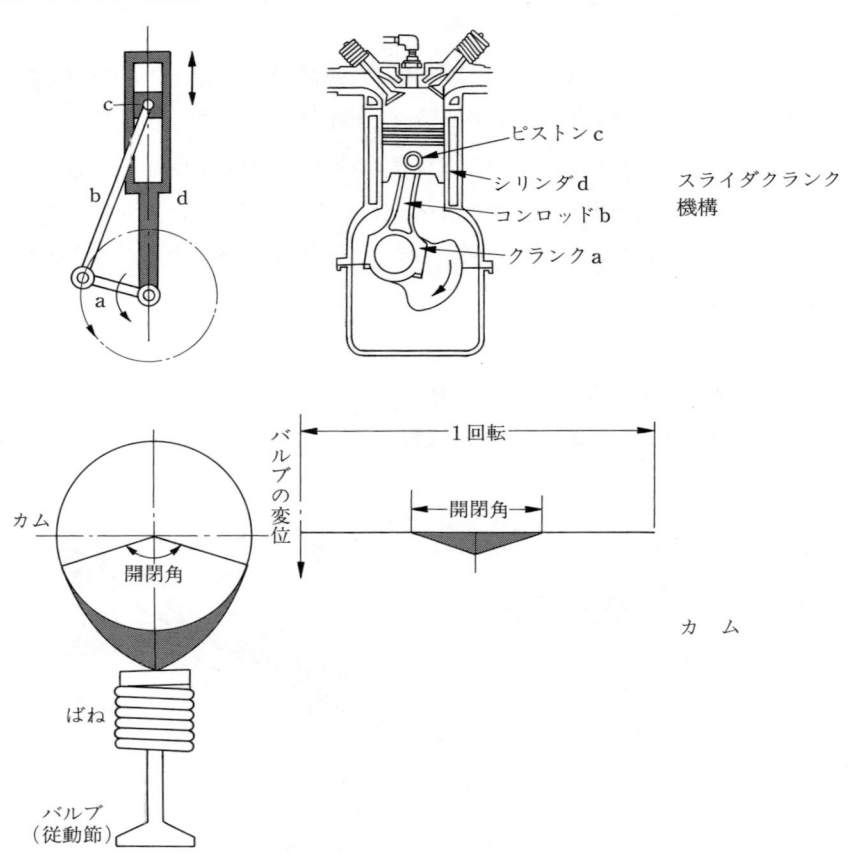

スライダクランク機構

ピストン c
シリンダ d
コンロッド b
クランク a

カム

バルブの変位
1回転
開閉角

ばね
バルブ（従動節）

図 7.16 エンジンのしくみ

ストンの動きに合わせてバルブをタイミングよく開閉し,ガソリンと空気の混合気を吸い込んだり,燃え尽きた排気ガスを排気しなければならない。このようにエンジンでは,ピストンの往復運動をクランク軸の回転運動に変換する**リンク機構**(linkage)と,バルブを開閉する**カム**(cam)が使われている。

〔2〕 **カ ム 機 構** カムを分類すると,図 **7.17** に示すように**平面カム**と**立体カム**がある。いずれもカムを回転すると,従動節が一定の軌跡で往復運動する。

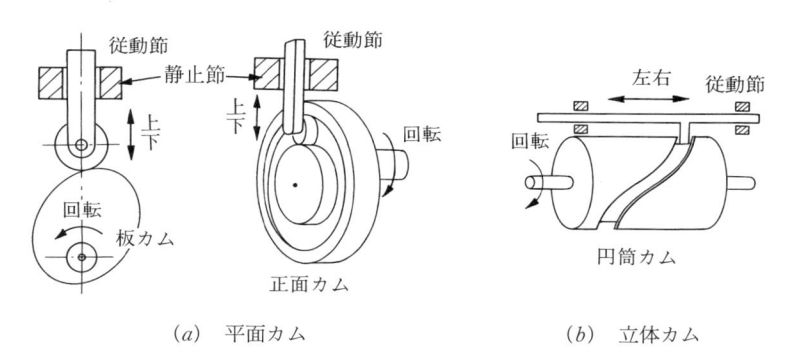

(*a*) 平面カム　　　　　　(*b*) 立体カム

図 **7.17** カ ム の 種 類

カムを使った機構では,カムによって動かされる従動節の動きが問題であり,それを希望する動きに動かすにはカムの形状を適切に決めなけらばならない。カムとして最も簡単なのは**円板カム**である。図 **7.18** のように丸い円板

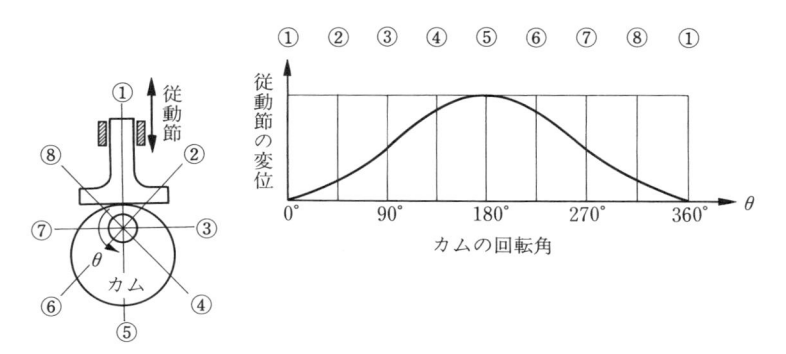

図 **7.18** 円 板 カ ム

の中心からずれたところに軸を固定し，それを回すと，静止節で動きを拘束された従動節は上下に正弦波（サインウェーブ）状に動く。また，**図7.19**のようにハートの形をしたカムが回転すると，従動節は三角の波の動きとなる。

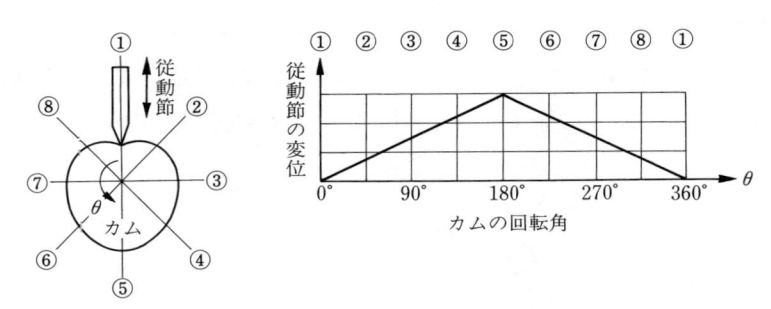

図7.19 ハートカム

カムが回転し，それに従って従動節が動く。その動きが**図7.18**と**図7.19**に示す変位線図で，これから従動節の速度と加速度がわかる。

〔3〕 **リンク機構** リンク機構は，棒状の部材（リンク）を回転できるようにピンで結合し，一つのリンクを回転してほかのリンクに希望の動きをさせるしくみである。一つのリンクが動いてほかのリンクが動けるようにするには，リンクは最小で四つなければならない。**図7.20**(*a*)に示す三つのリンクではたがいに動くことができない。これを活かして力を分散し，構造物を構成するのに使われているのがトラスで，橋などに使われている。図(*b*)の四つのリンクで構成された機構では，リンクdを固定し，リンクAを左右に動

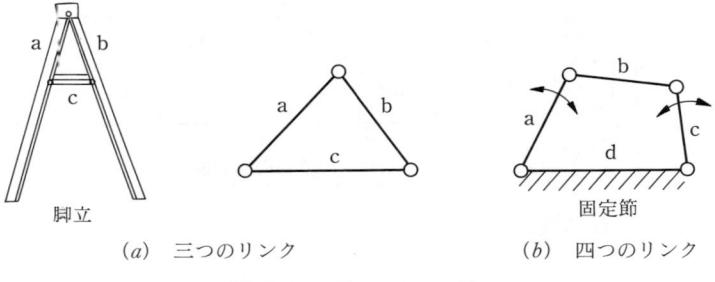

(*a*) 三つのリンク　　　　(*b*) 四つのリンク

図7.20 リンクの数

7.2 機械要素とメカニズム

かすとリンク c も動く。

自転車のペダルをこぐときの脚の動きを考える。図 7.21 (a)に示すように，サドルにすわり，大腿部を関節のまわりに往復し，すね部を介して足でクランクのペダルを回転する運動は，図 (b)のように図示できる。この図で，リンク機構では回転運動するリンクを**クランク**（crank），往復運動するリンクを**てこ**（lever），それらをつなぐリンクを**コンロッド**（conecting rod）という。自転車のペダルをこぐ運動では，大腿部をてこ，すね部をコンロッド，自転車のフレームを固定リンクとした 4 節の**てこクランク機構**に相当する。

(a) 自転車のペダルをこぐ　　　　(b) てこクランク機構

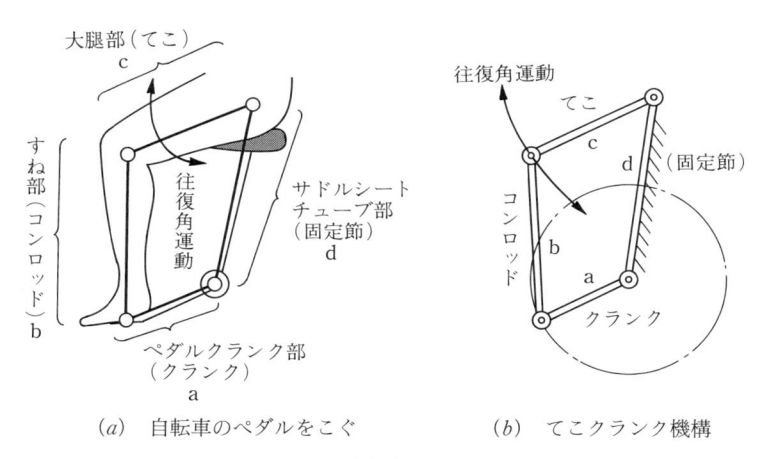

図 7.21 自転車とリンク機構

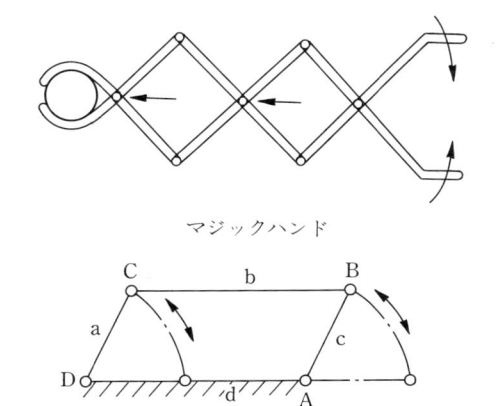

マジックハンド

図 7.22 平行運動機構と応用

図 **7.16** に示したように，自動車のエンジンではピストンが往復運動すると，その動きはコンロッドを伝わってクランクは回転運動する。これも四つのリンクで構成された4節リンク機構であり，シリンダによって拘束され往復運動するピストンを一つのリンクとし，これを**往復スライダクランク機構**という。

図 **7.22** に示す相対するリンクの長さを等しくすると，リンクbは固定リンクdにつねに平行に動く。この機構を**平行運動機構**と呼び，製図機や大型自動車のワイパ，図形の拡大・縮小に使われるパンタグラフ，おもちゃのマジッ

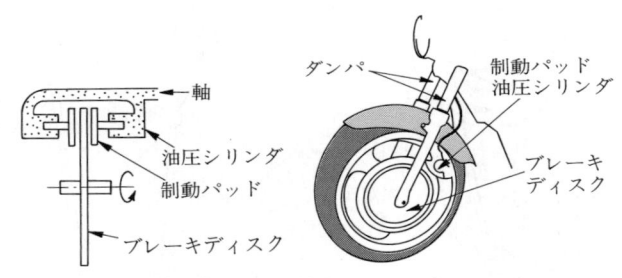

油がシリンダに送られると制動パッドがブレーキディスクに接触し，制動する

(a) ブ レ ー キ

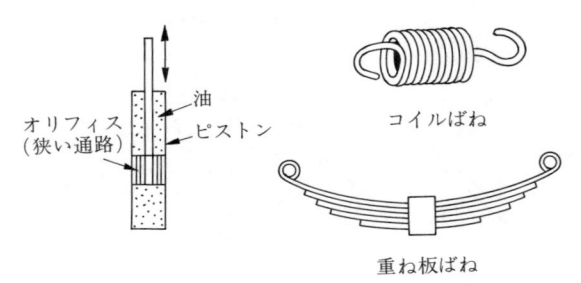

ピストンが上下すると油はオリフィスを通り，そのときの抵抗でショックを和らげる

(b) ダ ン パ　　　　　　　(c) ば ね

図 **7.23**　エネルギーを吸収する要素

クハンドなどに応用されている。

7.2.5　エネルギーを吸収するもの

自動車では，それを動かすエンジンがなくてはならないが，そのエンジンの回転力を伝える歯車や断続する**クラッチ**とともに，自動車のスピードを調節する**ブレーキ**（brake）がなければならない。ブレーキは摩擦によってエネルギーを消耗させ，運動を制御する。そのしくみは**図 7.23** のようになっていて，機械的にブレーキシューを押しつけたり，油圧の力で押しつけたりするものがある。

また，自動車の乗り心地を左右するのが**ばね**（spring）や**ダンパ**（damper）である。ばねはエネルギーを蓄えたり，放出したりしてショックを和らげ，ダンパは流体を狭い通路を通して流し，エネルギーを吸収してショックを和らげる。

7.2.6　機械部品を支える構造体

機械には，それを構成するいろいろな部品や部材を支える構造体がある。構造体は機械を構成する部品の重さやそれに働く力をしっかり支え，振動を小さくするよう作られている。また，構造体は機械の形を決め，機械の外観やデザインの基礎となっている。

図 7.24 に示すように，部品などを固定する枠を**フレーム**（frame）とい

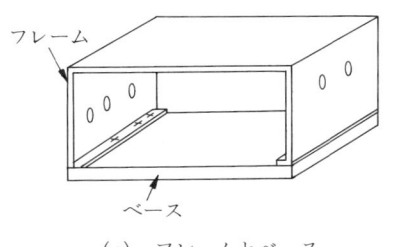

(*a*) フレームとベース　　　　　(*b*) 骨組構造

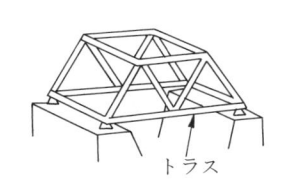

図 7.24　構　造　体

い，部品などを取りつける基礎となる台を**ベース**（base）という。

鉄橋や鉄塔，クレーンの腕などは，図に示すように鉄骨を三角形に組んだ**トラス**（truss）という構造が基本となっていて，このように鉄骨を組み合わせてできた構造を**骨組構造**という。

7.3　機械設計の方法

7.3.1　機械ができるプロセス

機械は図7.25に示すプロセスで作られる。

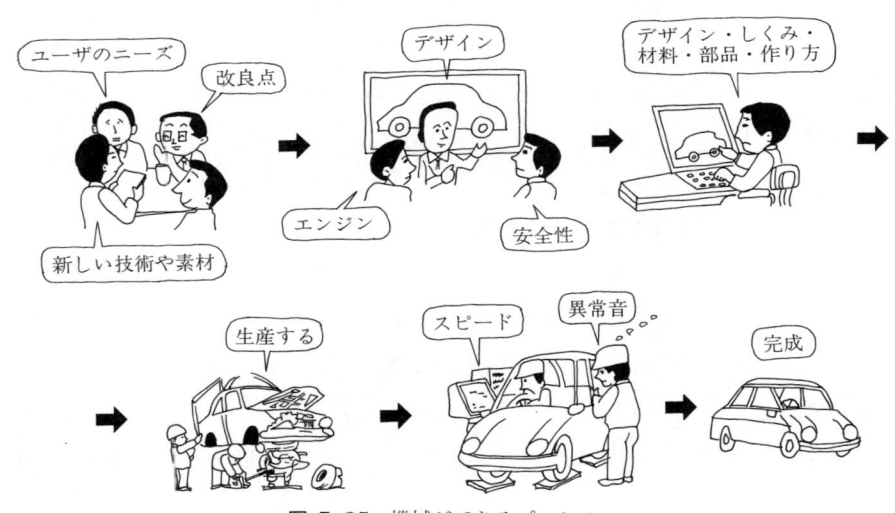

図7.25　機械ができるプロセス

1）企　画　市場調査などを通じて，ユーザが望む性能や機能を調査し，販売や設計，製造の担当者が協同して，新しい機械の構想を話し合う。

2）仕　様　企画で決定した機械の性能や機能を実現するための機械の基本仕様，大きさやデザイン，操作のしやすさなどを決定する。また，機械の安全性，部品や材料のリサイクルも考慮する。

3）設　計　仕様に基づいて，機械の機構や構造，機械全体の形状やデ

コーヒーブレイク

歩くおもちゃのしくみ

歩くおもちゃのしくみにはクランク機構が使われている。往復スライダクランク機構において，スライダがクランクの先端に取りつけられ，スライダの案内が支点まわりに往復運動する機構や，図 7.26 に示すように，スライダの案内がクランクの先端に取りつけられ，スライダのまわりに案内が往復運動する機構を揺動スライダクランク機構という。これが図 7.27 の歩行おもちゃに使われているしくみである。

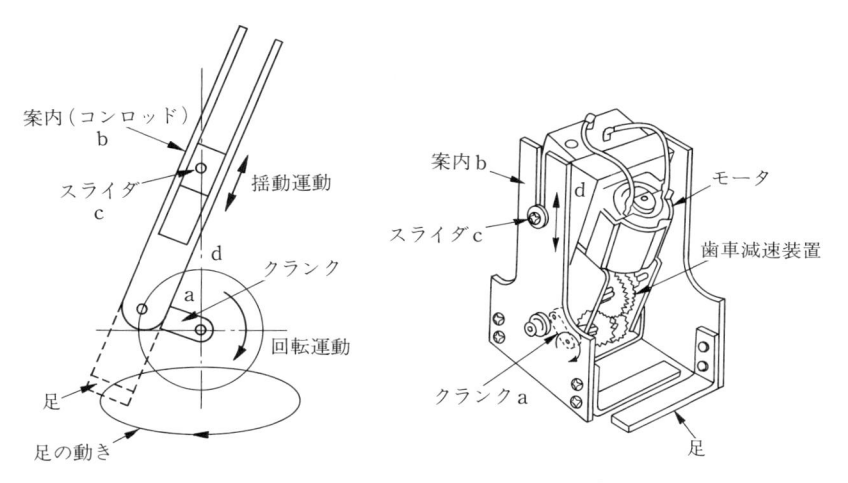

図 7.26　揺動スライダクランク機構　　　図 7.27　歩行おもちゃ

歩くおもちゃとして，図 7.28 に示すように，重力を利用して坂道を歩きながら下りるおもちゃもある。図のおもちゃでは，おもりを左右に振らし，左右の足を交互に動かして坂を下りる。

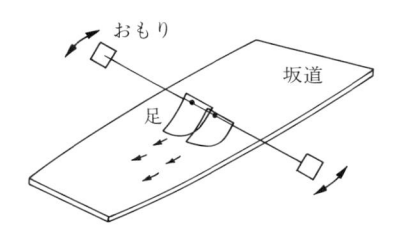

図 7.28　体を振りながら坂道を下るおもちゃ

ザイン，部品の材料，部品の形状や寸法を決定する．

　機械の構造や機構が決まったら，正確にすばやく目的の仕事ができるか，また，機械が壊れたり，変形したりしないかなどを検討する．また，技術資料を集め，使う機械要素を選定する．この段階で，仕様を満たす機械を実現できないか，あるいはもっとよい構造や機構が出てきた場合には，構想を練り直し，詳細を検討する．

　こうして考えた機械の構造や機構をフリーハンドで図面（**ポンチ絵**）にし，もっとよい構造や機構がないか，作れないところがないかを検討し，構造や機構を変更したりして，作る機械の構想を明確にしていく．

　このようにして機械の機構，形状，寸法，材料，機械要素が決まったら，設計書と図面にまとめる．この段階の図面（**計画図**）は実際の寸法でかく．これで実質的に機械設計が完了する．計画図をもとに，加工のしやすさ，組立・分解のしやすさを検討し，機械各部の図面（**部品図**）をかく．さらに，機械のユニットごとに部品を組み合わせた図面（**部分組立図**）と機械全体を組み立てた図面（**組立図**）をかく．これらの図面には作るための情報がかきこまれ，**製作図**ができ上がる．

　性能が安定し，作りやすい機械を構想し，設計するには，なん度も見直し，改善しなければならない．この設計作業を能率的に行うために，コンピュータを活用した設計支援システム（これを **CAD** (computer aided design) という）がある．このシステムにより，機械要素や規格などのデータ検索，構造解析，部品の干渉などをコンピュータのディスプレイ上でできるようになる．

　4）　生　産　　機械の設計ができたら，資材や人員・設備・資金・加工法を検討し，作業の方法や手順，材料の入手方法について計画を立てる．そして，製作図をもとに部品を加工し，それらの部品と調達した部品やユニットを組立ラインや組立機械で組み立て，機械を製造する．

　5）　検　査　　製造した機械の性能が仕様を満たしているかを検査する．この段階で，仕様どおりの性能がないときには，その原因を究明し，設計や製

作法を検討する。

6) 市　場　でき上がった機械をユーザに販売する。これには，機械のマニュアルを作成したり，アフターサービスの体制を整えておく作業が伴う。さらに，ユーザの声を聞いてよりよい機械をつくることも必要である。

　機械をつくるプロセスで，**機械設計**（machine design）はでき上がる機械のすべての機能や性能を決定する最も重要な作業である。

7.3.2　機械設計で大切なこと

つぎのことを考えて機械を設計する。

1)　正確にすばやく目的の仕事をする。

　機械の機構は動作が確実で，要求された仕事を正確に，かつ，すばやく行う構造・機構とする。

2)　機構が簡単で，効率がよく，寿命が長く，運転費が安い。

3)　十分な強さと剛性，耐摩耗性，耐環境性がある。

　機械を構成する構造体や部品には，引張り，圧縮，せん断，曲げ，ねじりなどの力が働く。これらの力によって機械には応力が生じる。この応力を考えた設計を**強度**（strength）設計という。

　機械は応力を検討して作られるだけでなく，力が働いて機械の部材がどれくらい変形するかも検討して作られている。機械が変形すると機械としての機能がまったくなくなってしまうこともあるので，変形しにくさを考えて作られている。これを機械の**剛性**（stiffness）といい，曲げ剛性，ねじり剛性などを考えた設計を剛性設計という。

　機械部品には，負荷の条件にあった耐摩耗性や環境に左右されない耐環境性があり，摩耗しにくく，さびない機械を作ることが求められる。

4)　振動や騒音が少ない。

　バランスの悪い回転運動をする機械や往復運動をする機械では振動が発生しやすい。機械が振動すると騒音を発生する。振動はひどい場合には機械の

寿命を短くし，ほかの機械の性能も悪くする。また，騒音は人に不快感を与える。これには振動を抑え，振動が伝わらないようにする。

5) 大きさと重さが適当である。

機械には，使うのに適当な場所や適切な寸法や重さがある。また，部品を限られた空間に取りつけられるなどの空間的な条件を満たし，さらに機械を運搬したり設置するのに，また使う人が操作するのに適当な重さが必要とされる。

6) 容易に加工でき，組み立てられる。

設計した機械や部品をできるだけ簡単な方法で短期間に作れ，また，組立，分解できるようにする。このことは，メンテナンスや部品の再利用（リサイクル）にもつながる。

7) 操作しやすく，安全である。

使う人が取り扱いやすく，操作ミスを起こさず，操作ミスをしても安全である。また，故障しても事故を起こさないように機械を設計する。また，安全について規定した「労働安全衛生規則」などの法規を満たしていることが必要である。

8) ものづくりの規格や標準に適合している。

大量に使われる機械要素は互換性を考慮して形状・寸法・材質などが統一され，標準化されているので，機械を能率よく生産でき，部品の交換や再利用がしやすい。

日本では**日本産業規格**（JIS：Japanese Industrial Standard）が定められ，国際的には**国際標準化機構**（ISO：International Organization for Standardization）の規格が設けられている。したがって，機械を設計するには機械要素の規格を念頭に入れ，規格を調べながら活用して機械を設計する。

9) 形や色彩などのデザインがよく，商品価値が高い。

機械は機能がよく，丈夫で長持ちし，使いやすいことのほかに，形や色がよく，使う人に心地よさを与えることも商品として大切である。

10) 制御方式が適切である。

　機械を電気や電子の回路で制御するのか，コンピュータによって制御するのか，シーケンス制御か，フィードバック制御かなど，機械の機能や性能などを検討して適切な制御方式を採用する。

11) 部品や材料を再利用する。

　機械は機能や強度だけを考えて設計するのでなく，地球環境を守ることを考えて設計する。「使い終わったら捨てる」のでなく，「使い終わっても再び利用する」ことを考えて設計する。

　これらのことを総合的に満たした機械がよい機械といえる。機械を設計するには，同じ仕様の機械を設計するのにも最適な解はさまざまである。よい設計をするには設計する設計者の創造力が必要となる。それには，機構，材料，力学などの機械工学の基礎知識ばかりでなく，電気・電子・情報・制御工学，さらには特許や法規などに関する幅広い知識と，豊富な経験の積み重ねが大切である。

8

機 械 工 作 法

　現代の人間の生活は機械と切り離せないといい切れるほどになってきている。すなわち，自動車，電話，コンピュータ，テレビ，エアコンなどさまざまな機械を利用している。また，機械を用いない産業はないといっていいほど，私たちの生活になくてはならないものになっている。これらの機械を作る「ものづくり」が重要となってくる。「ものづくり」とは，素材を加工してものを作り上げるということである。「ものづくり」の基礎として機械工作法がある。

8.1　工作法の分類

　機械工作法は，素材の不要部分を取り去る除去加工と素材そのものの形を変える変形加工，さらに素材になにかを付加する付加加工がある。それらの具体的な機械工作法を**表 8.1**に示す。

表 8.1　機械工作法の分類

分　類	加　工　法
除去加工	切削加工，研削加工，放電加工，プラズマ加工など
変形加工	鋳造，鍛造，プレス加工，プラスチック成形加工など
付加加工	溶接，被覆など

8.2　鋳　　造

　加熱して溶融した金属を鋳型に入れ，冷却固化すると鋳物が得られる。この

8.2 鋳　　　　造

鋳造 (casting) の作業はまず部品と同じ形の**模型** (pattern) を作る。必要に応じて中子も作る。この模型を砂に埋め込んで取り出せば，部品とほぼ同じ形の空洞ができる。これを**鋳型** (mold) といい，砂で作られた鋳型を砂型という (**図 8.1**)。鋳型に溶けた金属を流し込み，湯が固まるのを待ち，部品を取り出す。砂落とし，仕上げ，検査を経て部品ができ上がる。

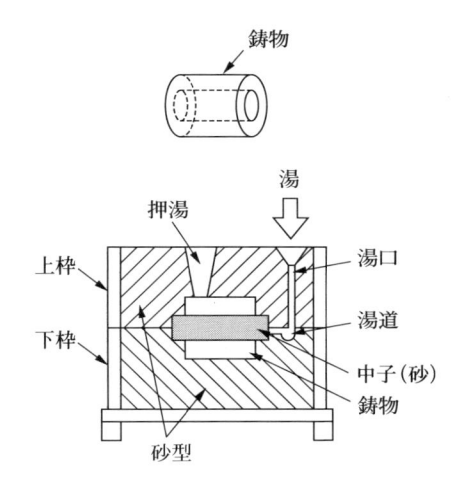

図 8.1　砂　型

〔**1**〕**シェルモールド法**　シェルモールド法 (shell molding process) は，熱硬化性樹脂（フェノール樹脂など）が加熱により硬化する性質を砂型造形に応用した方法である。けい砂に熱硬化性樹脂を混合した砂で造形し，加熱して硬化させるため，鋳型の寸法精度や強度が高くなる。

〔**2**〕**インベストメント法（ロストワックス法）**　インベストメント法 (investment casting) は，模型をろう（ワックス）で作り，その周囲を微粒子の耐火物で固めて加熱すればろうが溶けるので，鋳型からろうの模型を消失させて（ロスト）その空洞に湯を流し込み，冷却後，鋳型を壊して鋳物を取り出す方法である。

〔**3**〕**ダイカスト**　ダイカスト (die casting) は，湯を精密金型に高圧で注入する鋳造方法である。アルミ合金やマグネシウム合金の精密小物部品の鋳造に使用される。

〔4〕 **遠心鋳造法**　　鋳鉄管のようなパイプ状の鋳物を作る場合，高速回転する円筒状の鋳型に湯を流し込むと遠心力によって湯は円筒内面に貼り付けられる．この状態で湯が凝固すると中空鋳物ができる．このようにして鋳物を作る方法を**遠心鋳造法**（centrifugal casting）という（図 **8.2**）．

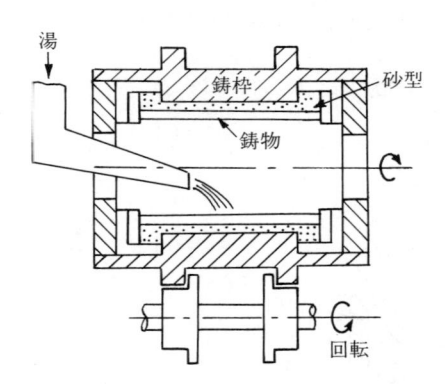

図 **8.2**　遠心鋳造

〔5〕 **連続鋳造法**　　丸棒や帯板のように断面形状が一様で長い鋳物を作る場合，黒鉛で作られたダイス（鋳物の断面形状の穴があいている）に湯を流し込むと，ダイス内で湯が急冷されて凝固を始め，固化する．この部分を連続的に引き抜くことによって棒状の鋳物が製作できる．このような鋳造法を**連続鋳造法**（continuous casting）という（図 **8.3**）．

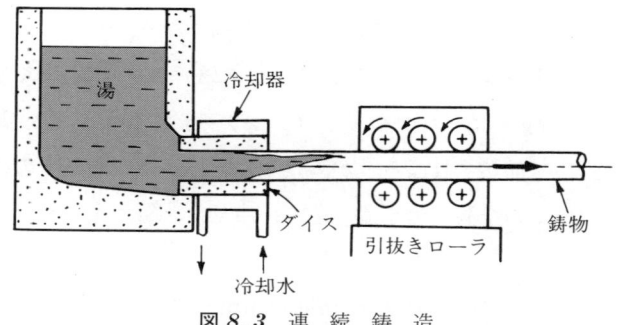

図 **8.3**　連続鋳造

8.3 鍛造

鍛造 (forging) とは, 金属材料をハンマあるいはプレスによって塑性変形させ, これによって所定の形状の製品を得る成形加工法である。鍛造作業の歴史は古く, 鍛冶屋によって武器や装飾品を作る際にも鍛造が行われていた。鍛造加工により所定形状の成形品が得られるだけでなく, 材料の改質を行うことができる。再結晶温度以上で鍛造する**熱間鍛造** (hot forging) と, 再結晶温度以下で鍛造する**冷間鍛造** (cold forging) に分けることができる。

〔*1*〕 **自由鍛造**　自由鍛造 (free forging) は, 開放型あるいは金敷やハンマなどを用いて加熱した材料を少しずつ鍛造していく加工法である。自由鍛造には, 穴あけ, 穴広げ, 延ばし, すえ込み, 切断, 曲げ, 背切りなどの作業がある。自由鍛造の特徴として作業の効率は後述の型鍛造と比べてよくないが, 少量の製品を作製したり, 大型鍛造品を造るのに有効である点が挙げられる。

〔*2*〕 **型鍛造**　型鍛造 (dies forging) は, 上下一組の**鍛造型** (密閉型) を用い, 機械式ハンマによる打撃により加熱した材料を型の形に変形させ, 所要の製品を得る方法である。手作業で行われることの多い自由鍛造と比べて型鍛造は大量生産向きで, 鍛造用機械を用いて加工することが多い。金型製作に精密さが要求されるために型の費用がかなり高くつく。

8.4 圧延

圧延 (rolling) とは, 回転している2本のローラの間に素材を挿入し, 長さ方向に素材を延ばしながら所定の断面積まで減少させる加工法である (図8.4)。前述の鍛造の場合と同様に, 再結晶温度以上での圧延を**熱間圧延** (hot rolling), 再結晶温度以下での圧延を**冷間圧延** (cold rolling) と呼んでいる。連続的に一様な厚さの素材を得ることができる点で圧延は大量生産に向いてお

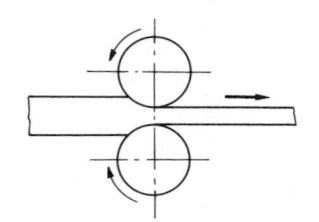

図 8.4　二重式ロール

り，特に板材，線材，管材，形材などの一次加工品（原材料）の製造に用いられている。

8.5　プレス加工

一組の対をなす金型を取り付けた機械を用いて，金型どうしを押しつけることにより金型の間に置いた金属板を塑性変形させ，製品を得る方法を**プレス加工**（press working）という。プレス加工は，加工の速さも切削加工と比べて非常に速く，同一の製品を速く大量に作り出すことができる。しかし金型の製作に多くのコストがかかるために，多品種少量生産には向いていないという特徴もある。

〔*1*〕 **打抜き（せん断）加工**　2枚の刃によって素材にせん断変形を与えることによって素材を打ち抜いたり切断したりする加工を打抜き（せん断）加工という。この加工に属するものとして，**せん断加工（シャーリング：**shearing）**，打抜き（ブランキング：**blanking）（図 *8.5*）**，穴抜き（ピアッシング：**piercing）**，縁きり（トリミング：**triming）**，切欠き（ノッチング：**notching）**，分断（パーティング：**parting）などがある。

〔*2*〕 **曲げ，成形加工**　曲げ加工を分けると，突き上げ様式，折り曲げ様式，送り曲げ様式に分類できる。これとは別に，材料の変形のさせ方によりV曲げ，L曲げ，あるいはU曲げに分類できる（図 *8.6*）。曲げ加工により変形部の板厚が減少するので，金型設計の際にはこの点も十分に考慮しておく必要がある。この加工に含まれるものとして，**ビーディング**（beading）**，バーリ

図8.5 打抜き　　図8.6 V曲げ加工

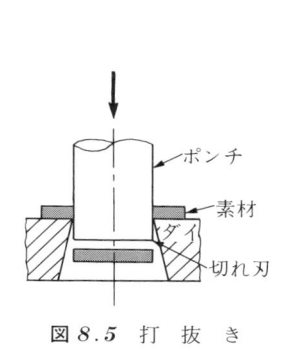

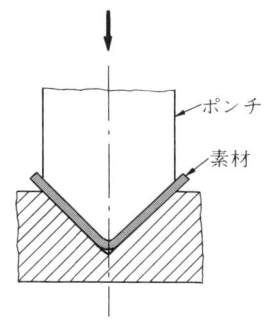

ング (burring)，**エンボス** (embossing)，**ネッキング** (necking)，**シーミング** (seaming) などがある。

〔3〕**絞 り 加 工**　絞り加工 (drawing) は**パンチ**（雄型：punch）と**ダイ**（雌型：die）の間に板をはさみ，パンチをダイのくぼみに入れることによって板に塑性変形を与えて成形する方法である（図8.7）。この加工によって底のついた中空容器を作ることができる。絞り加工において周方向に圧縮応力が働くので，加工材にしわが発生することがよくある。このしわの発生を防止するためにしわ押さえを用いる。

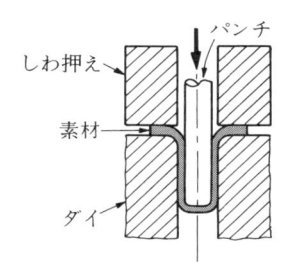

図8.7 絞り加工

〔4〕**圧 縮 加 工**　型の間に素材をはさみ，型に強い力をかけることによって素材を変形させ，所要の形にする加工を**圧縮加工** (compressive process) という。この加工の特徴として，複雑な形状の製品を作る際に，金型の形を忠実に現した製品を得ることができる点が挙げられる。圧縮加工に含まれる加工として，前方押出加工（図8.8），後方押出加工（図8.9），圧印加工，

150　　8. 機 械 工 作 法

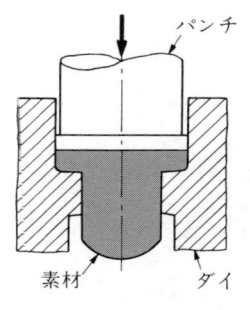

図 8.8　前方押出加工　　　　図 8.9　後方押出加工

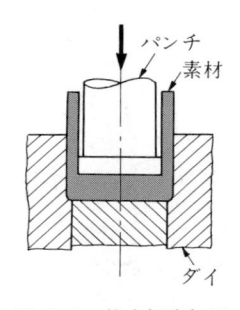

スエージ加工，エンボス加工，しごき加工，張出し加工などがある。

8.6　溶　　　接

　一般に，**溶接**（welding）は二つの材料の接合部分を溶融状態にして接合するか，または外部から溶けた材料を接合部分に加えて接合する方法である。溶接はリベット接合に比べて形状の自由さ，重量の軽減，継手効率の向上，水密，気密の保持などの利点を持つ。このため，造船，車両，建築，橋梁および機械構造物などの分野で広く利用されている。現在，多くの溶接法が実用化されている。その溶接法を溶接形態で大別すると，母材を溶融して溶接する融接法と，加圧しながら溶接する圧接法，さらに母材を溶融しないでろうを用いて接合するろう接法に分けられる（**表 8.2**）。

表 8.2　溶 接 の 種 類

分　類	種　　　　類
融接法	被覆アーク溶接，サブマージアーク溶接，MIG 溶接，炭酸ガスアーク溶接，TIG 溶接，ガス溶接，エレクトロスラグ溶接，電子ビーム溶接，レーザビーム溶接など
圧接法	点溶接，突起溶接，縫合せ溶接，突合せ溶接，火花突合せ溶接，高周波溶接，ガス圧接，鍛接，超音波溶接，摩擦圧接など
ろう接法	硬ろう付け（ガスろう付け，炉内ろう付けなど），軟ろう付け（はんだ付け）

　〔1〕**アーク溶接**　　**アーク溶接**（arc welding）はアークの熱により溶接

部を溶かし，溶接棒を加えて溶接を行う方法である（図 **8.10**）。この溶接法には多くの種類があり，最も広く実用されている。アークは低電圧・大電流の放電現象で，電極（溶接棒）と母材の間に電圧がかかった場合，その間の絶縁を破って電流が流れるときに生じる。約 5 000～6 000 K の高温が局所的に得られる。

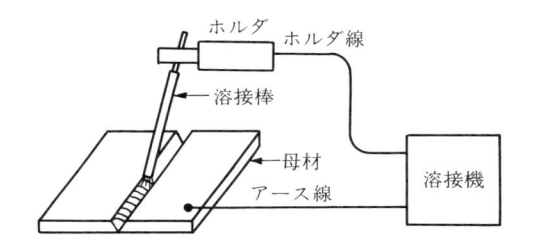

図 8.10 アーク溶接機の原理

その種類に（i）溶接棒のまわりに被覆剤（フラックス）を塗りつけてある被覆アーク溶接棒を用いる**被覆アーク溶接**（shielded metal arc welding）（図 **8.11**），（ii）継手の表面に盛り上げた微細な粒状フラックスの中に裸溶接棒の電極を突込んでアーク溶接を行う**サブマージアーク溶接**（submerged arc welding），（iii）アルゴンやヘリウムのような高温においても金属と反応しないような不活性ガス中でアーク溶接を行う**イナートガスアーク溶接**（inert gas shielded arc welding），（iv）炭酸ガスをシールドガスとして用い，溶接ワイヤを電極とする**炭酸ガスアーク溶接**（CO_2 gas shielded arc welding）などがある。

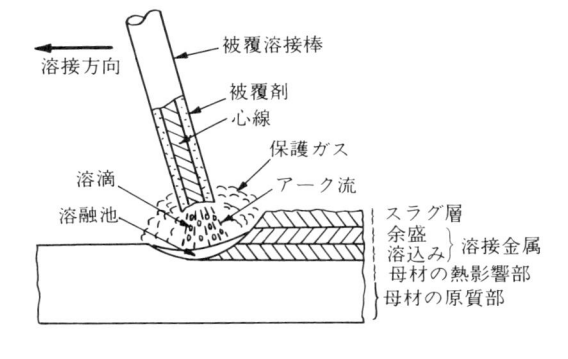

図 8.11 被覆アーク溶接の溶着状況

〔2〕 **ガス溶接**　溶接しようとする部分を燃焼ガスの炎で加熱し，接合する方法である．**ガス溶接**（gas welding）では酸素-アセチレンの混合ガスが火炎温度も高く（約 3 300 K），最も一般的に用いられる．ガス溶接はアーク溶接に比べて温度が低く，熱の集中性に欠け，比較的広範囲が熱せられるので，溶接ひずみが生じやすい．しかし，加熱源の調整が比較的自由なため，薄板や薄肉パイプなどの溶接もでき，設備費が安く，電源設備のないところでも手軽に溶接ができる．

〔3〕 **抵 抗 溶 接**　抵抗溶接（resistance welding）は溶接しようとする両部材を接触させ，加圧しながら大電流を接触部に流し，その抵抗熱によって接合させる方法である．ボルトやリベットによる接合法に比べ，製品が軽量化され，作業時間も短くてすむ．

その種類に（ⅰ）2枚の板を2個の銅合金電極の間にはさんで，加圧しながら通電して溶接する**点溶接**（**スポット溶接**：spot welding）（**図 8.12**），（ⅱ）接合する板に突起（プロジェクション）を作り，この部分を加圧，通電して溶接する**突起溶接**（**プロジェクション溶接**：projection welding），（ⅲ）円盤状の電極の間に溶接する2枚の板をはさみ，電極を回転運動させながら点溶接を連続的に繰り返して行う**縫合せ溶接**（**シーム溶接**：seam welding），（ⅳ）棒や管などの断面を突き合わせた状態で加圧して接触させ，接合面に通電し，抵抗熱によって昇温させてさらに加圧を行い，据込み（アプセット）を与えて溶接を行う**突合せ溶接**（**アプセット溶接**：upset welding）（**図 8.13**），（ⅴ）棒，管などの溶接に用いられる．溶接する両部材を接触させ，これに通電して

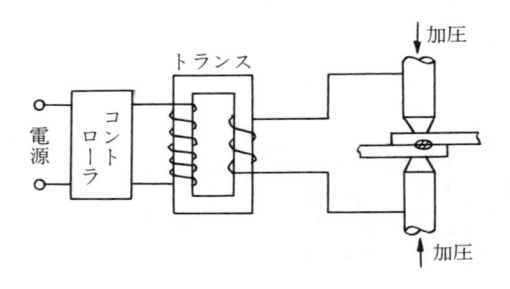

図 8.12　点溶接の原理

8.7 熱 処 理 153

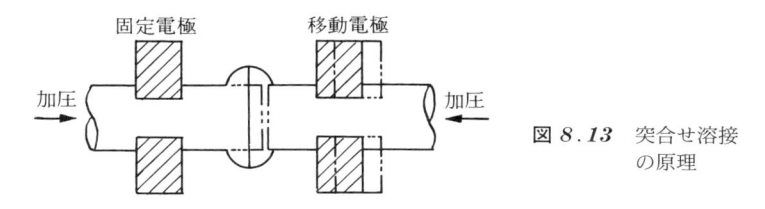

図 8.13 突合せ溶接の原理

アークを出し，加圧して溶接を行う**火花突合せ溶接（フラッシュ溶接**：flash welding）などがある。

〔4〕 **その他の溶接** （i）ごく厚い板の溶接に適するエレクトロスラグ溶接，（ii）高周波電流を利用する高周波溶接，（iii）熱電子を電界によって加速した電子ビームを利用する電子ビーム溶接，（iv）誘導光を利用するレーザビーム溶接，（v）母材を溶融することなく加熱し，接合接触面に母材より融点の低い金属を溶融添加して接合する方法である硬ろう付けと軟ろう付け（はんだ付け）などがある。

8.7 熱 処 理

熱処理（heat treatment）は金属材料をある一定の温度以上に加熱して，適当な方法で冷却することによってその性質を改善する作業である。金属材料はある温度に達すると組織の変化が起こる。この現象を変態といい，変態を起こす温度を変態点という。この変態を利用し，熱処理によって鋼の機械的性質や組織を変えることができる。炭素鋼は，炭素量と温度によって異なる状態に変化する。組織としてはフェライト，オーステナイト，セメンタイト，パーライトなどがある。普通熱処理には焼なまし，焼ならし，焼入れ，焼戻しがある。

〔1〕 **焼 な ま し** 焼なまし（annealing）は鋼の結晶粒を調整し，鋼を軟らかくするために行う熱処理である。オーステナイト化するまで加熱し，ゆっくりと炉中冷却を行う（図 8.14）。

〔2〕 **焼 な ら し** 焼ならし（normalizing）は加工の影響を除き，結晶粒を微細化し，組織の不均一をなくして機械的性質を向上させる熱処理であ

図 8.14 焼なまし

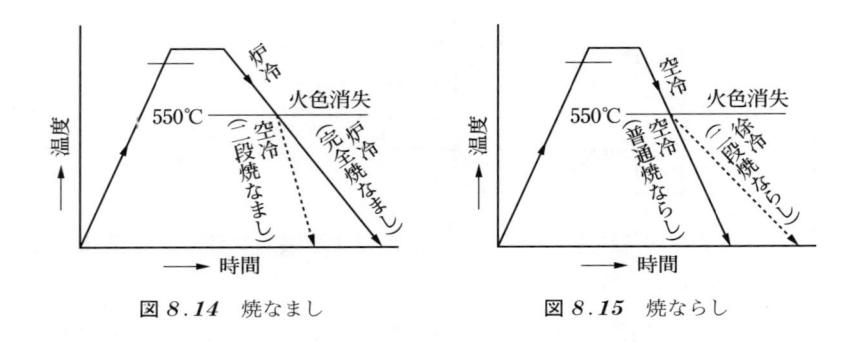

図 8.15 焼ならし

る。完全にオーステナイト化するまで加熱し，大気中で放冷する（図 8.15）。

〔3〕**焼 入 れ**　焼入れ (hardening, quenching) は鋼を加熱してオーステナイト組織にし，これを急冷してマルテンサイト組織にする熱処理である。すなわち鋼を硬く，強くするために行う熱処理である。オーステナイト化するまで加熱し，臨界区域を速く，危険区域をゆっくり冷やす。

本当に硬くなるのはおよそ 250 °C 以下の低温であり，このとき硬くなると同時に膨張する。鋼が冷えつつあるとき膨張するのでかなり無理が生じ，焼割れが起こるのでゆっくり冷やす（図 8.16）。

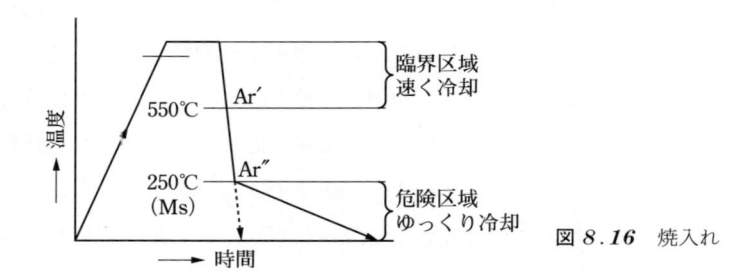

図 8.16 焼入れ

〔4〕**焼 戻 し**　焼戻し (tempering) は焼入れまたは焼ならしした鋼の硬さを減じ，粘さを増すために行う熱処理である。変態点 A_1 以下の温度に加熱する。冷却は構造用調質鋼の場合には急冷，工具鋼の場合には徐冷する。

刃物やゲージなどのように相当高い硬さと耐磨耗性を必要とする場合には，

150～200 ℃ に低温焼戻しをする。冷却は徐冷（空冷）を行う。

8.8 切削加工

切削工具（cutting tool）を用いて**切りくず**（chip）を出しながら被加工物を所定の形状の工作物に加工する方法を**切削加工**（cutting, machining）という。切削加工には工具の種類や加工方法で分類すると多くの種類があるため，広範囲の加工ができ，機械生産の重要な加工法となっている。ほかの加工法に比べて生産性や精度がよく，なお柔軟性を持った加工法で，NC 装置を組み合わせることによってその有効性がいっそう高まっている。

〔**1**〕 **旋　　盤**　　**旋盤**（lathe）は切削加工を行う工作機械で，おもに丸棒の加工に用いられる。主として工作物を回転させ，バイトなどの工具を使用して加工を行う。被削材を主軸に取り付け，主軸を回転させながら刃物台，あるいは心押台に取り付けた工具で所定の形状に加工していく。主軸の回転によって切削の主運動を刃物の移動によって送り，運動を与える。

旋盤を用いてできる作業として，丸棒の外径を小さくする（**外丸削り**：turning），端面を削る（**正面削り**：facing），棒の中心軸に穴をあける（**穴あけ**：drilling），中心軸にあけた穴を広げる（**中ぐり**：boring），おねじ，めねじを切る（**ねじ切り**：threading），所定形状の製品を丸棒から切り離す（**突切り**：cutting off）などがある（図 **8.17**）。

旋盤作業の際に用いる工具をバイトといい，バイトは旋盤作業だけでなく形削り盤，平削り盤，中ぐり盤などの作業にも用いられる。

〔**2**〕 **ボール盤**　　穴加工はおもに**ボール盤**（drilling machine）を用いて行われる。主として，ドリルを使用して工作物に穴あけ加工を行う工作機械である。ドリルは主軸とともに回転し，軸方向に送られる。主軸の位置が決まっていて穴をあける場所を工作物のテーブル上での水平方向の移動によって決める直立ボール盤と，主軸を水平方向に移動させることによって穴あけ場所にもってくるラジアルボール盤とがある。工作物が比較的小さいとき直立ボール

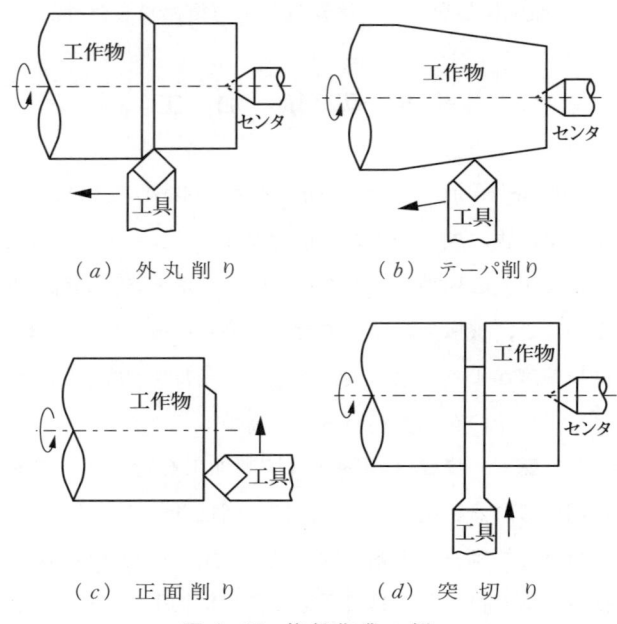

(a) 外丸削り　　　　(b) テーパ削り

(c) 正面削り　　　　(d) 突切り

図 8.17　旋盤作業の例

盤が用いられ，大きいときにラジアルボール盤が用いられる。

　穴加工は**きり**（ドリル：drill）を用いて工作物に穴をあける穴あけ，リーマを用いる加工であるリーマ加工，ボルトの頭を沈めるための穴をあける沈め穴あけ，めねじを切るタップ立てなどがある（図 8.18）。

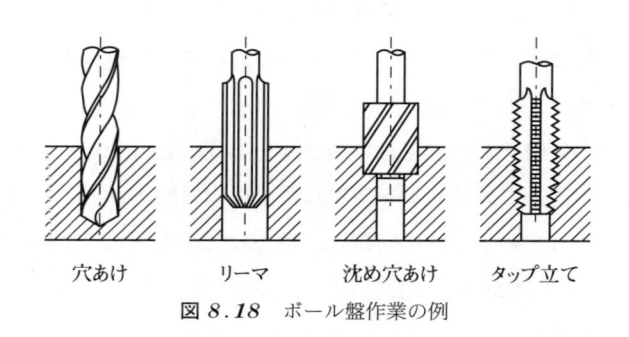

穴あけ　　リーマ　　沈め穴あけ　　タップ立て

図 8.18　ボール盤作業の例

〔3〕**中ぐり盤**　　ボール盤などであけられた穴をくり広げることによ

り，穴の表面状態や寸法精度を改善したりする作業のことを総称して中ぐり作業という。**中ぐり盤**（boring machine）においてバイトは主軸とともに回転し，工作物に送り運動を与えることで加工を行う。中ぐり作業は中ぐり棒，あるいは中ぐりスナウトを用いて行われる。中ぐり棒には棒の外形方向に向かってバイトが取り付けられており，このバイトによって穴の壁面を削ることができる。

〔4〕 **フライス盤**　フライス盤（milling machine）は**フライス工具**（milling cutter）を利用して平面削り，溝削りなどの加工を行う工作機械である。フライスは主軸とともに回転し，工作物に送り運動を与えることで加工する。フライスは多数の切れ刃を持ち，回転させながら加工を行っていく工具である（図 8.19，図 8.20）。

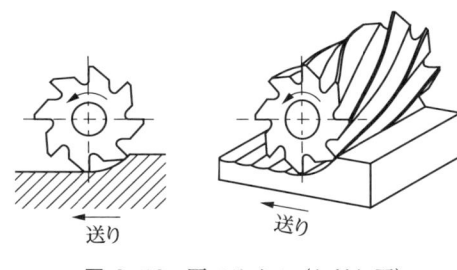

図 8.19　平フライス（ねじれ刃）　　図 8.20　正面フライス

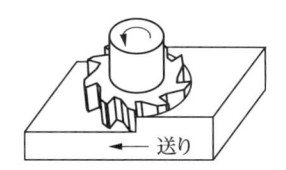

主軸がベッドに対して水平のものを横フライス盤，垂直のものを立てフライス盤と呼ぶ。またニーの上にテーブルを設けたひざ形とベッドの上にテーブルを設けたテーブル形がある。

〔5〕 **平削り盤**　平削り加工とは，工作物を固定したテーブルの往復直線運動と，テーブルの運動と直角方向の方向へバイトを間欠的に送ることによって平面削りを行う加工である（図 8.21(a)）。運動の様式は往復運動であり，精度よく仕上げることができる利点を持っている。**平削り盤**（planing machine）はコラムの形状により，門型平削り盤と片持型平削り盤とに分けることができる。

(a) 平削り　　　　(b) 形削り

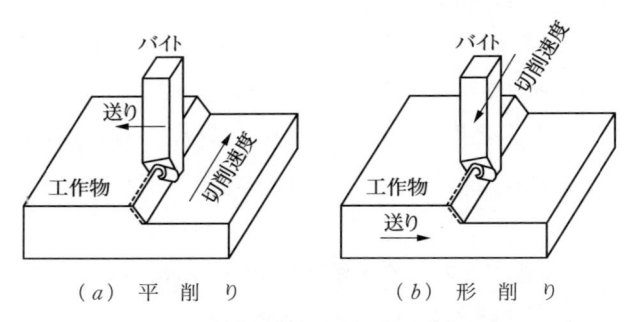

図 8.21　平削り盤と形削り盤の動作の違い

〔6〕**形削り盤**　形削り盤 (shaper, shaping machine) による加工とは，バイトを往復直線運動させ，工作物を運動方向と直角な方向に間欠的に送ることによって平面および溝削りを行う加工である（図(b)）。バイトを取り付けたラムが直線運動を行うのであるが，ラムの運動で戻り工程については削り工程よりも速くなっている（早戻し機構）。

〔7〕**ホブ盤**　歯車の切削加工の方法として，歯車創成法による方法，成形刃物による方法などがある。切削による歯車の加工は，主として歯車創成法によって行われている。**ホブ盤** (gear hobbing machine) による加工は歯車創成法で最もよく用いられている。精度も高く生産性もよい。

8.9　研削加工

研削加工 (grinding) は**砥石** (grinding wheel) による加工で，本質的には切削加工の一つである。しかし，研削加工と切削加工では除去量，速度，温度などのさまざまな点で異なっている。

〔1〕**平面研削**　工作物の平面を研削する加工を**平面研削** (surface grinding) といい，このとき使用される研削盤が平面研削盤である（図8.22）。平面研削の方法は，砥石軸の方向によって横軸と立軸に分けられる。さらに，テーブルの形態と運動機構によって角テーブルと円テーブルに分けられ

図 8.22 平面研削

図 8.23 円筒研削

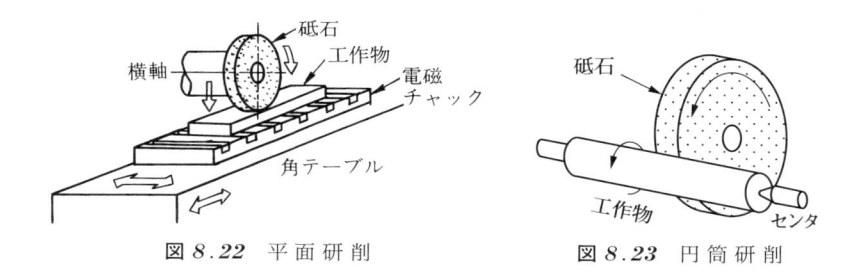

る。

〔2〕 円筒研削　円筒研削 (external cylindrical grinding) とは円筒形の工作物の外周を研削することで，通常，工作物は両センタで支持され，研削される。（ⅰ）砥石の半径方向に切込みを与えて砥石軸を工作物の軸方向に平行移動させながら研削を行うトラバース研削（図 8.23），（ⅱ）砥石あるいは工作物を砥石半径方向に移動させながら研削を行うプランジ研削，（ⅲ）工作物の軸に対してある角度に設定した砥石を押し当てることにより，工作物の円筒面と端面を同時に研削できるアンギュラ研削がある。

〔3〕 内面研削　内面研削 (internal [cylindrical] grinding) とは，穴の内面を研削するために工作物を回転させ，その穴に砥石を挿入し研削する方法をいう（図 8.24）。工作物が大きいなどのため工作物を回転させるのが難しい場合には，砥石軸を穴の内面に沿って遊星運動させる方式が行われる。

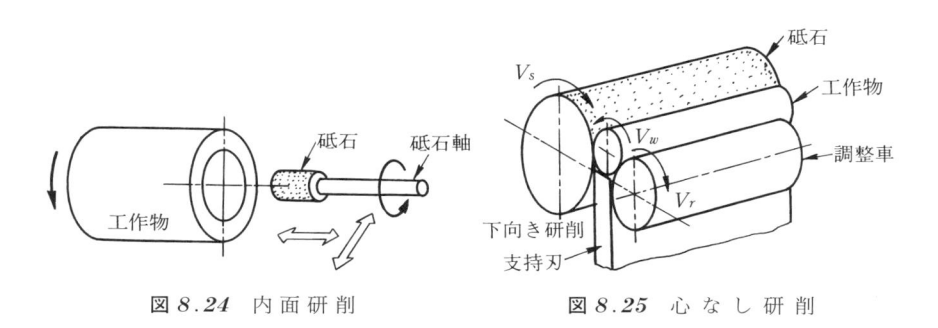

図 8.24 内面研削

図 8.25 心なし研削

〔4〕 心なし研削　心なし研削 (centerless grinding) とは，工作物を支

持刃と調整車によって支持し，研削する方法である（図 8.25）。心なし研削では工作物全長にわたって工作物が支持されているため，研削抵抗による工作物のたわみが生じにくく，研削精度が長手方向で一様となりやすい。また，工作物にセンタ穴をあける必要がないため，工作物の着脱が容易で自動化しやすいなどの特徴がある。工作物の外周を研削する外面心なし研削と，穴の内面を研削する内面心なし研削がある。

8.10　精密加工および特殊加工

　通常の切削・研削で得られた仕上げ面をさらに平滑化する，あるいは寸法精度を向上させる場合には，ホーニング，超仕上げ，ラッピングなどの砥石や砥粒を用いた**精密加工**（precision machining）が行われる。一般に，このような精密加工はリーマ仕上げや研削などの加工後に行われる。

　また，通常の切削・研削では加工困難な工作物を加工したい場合，物理・化学エネルギーのように機械的エネルギーとはまったく違った形態のエネルギーが利用される。このような加工を**特殊加工**（unconventional machining）という。

　〔1〕　**ホーニング**　　ホーニング（honing）とは 4〜8 個の砥石を一定の圧力で円筒内面に押しつけ，砥石軸を低速回転させながら往復運動させる加工法である。通常，多量の研削油剤を注ぎながら加工される。内燃機関のシリンダのような円筒内面がおもな対象となる。

　〔2〕　**超仕上げ**　　超仕上げ（super finishing）とは，微小振動している砥石を工作物に押しつけ，砥石と工作物に相対運動を与えて表面を仕上げる加工法である。砥石と工作物の接触面に適度の粘度を持った不水溶性の工作液を注ぎながら加工される。各種シャフトやベアリング用ローラのような円筒外面のほか，平面，玉軸受溝なども加工できる。

　〔3〕　**ラッピング**　　ラッピング（lapping）とは，工作物とラップの間にラップ剤（砥粒）をはさみ込み，工作物を押しつけた状態で摺動させ，砥粒

による工作物の微小切削により工作物表面を仕上げる方法をいう．加工能率は低いが平滑な表面が得られる．

〔4〕 **放電加工** 　**放電加工** (electrical discharge machining, electric spark machining) とは，工具電極と工作物の間でパルス状の放電を加工液中で起こさせ，放電に伴なう熱的作用，力学的作用などを利用して加工する方法である．放電加工の方法としては，形彫り放電加工とワイヤ放電加工が主流である．

〔5〕 **電子ビーム加工** 　電子を高電圧によって加速して工作物に衝突させると，電子の持つ運動エネルギーが熱エネルギーに変わる．**電子ビーム加工** (electron beam machining) はこの熱エネルギーを利用して工作物を溶融させて除去する微細加工法である．

〔6〕 **レーザ加工** 　レーザ加工 (laser machining) とは，レーザ光をレンズとミラーで微小スポットに集束させ，このときに得られる高いエネルギー密度を利用して工作物の溶融，加熱などを起こさせる熱加工である．

〔7〕 **そ の 他** 　その他に超音波加工，ウォータジェット加工，プラズマ加工，化学研磨，電解研磨，電解加工などさまざまな加工法がある．

8.11　プラスチック成形加工

　プラスチック成形加工は粉末状，粒状または液状の無定形な高分子の成形材料を所定の形状と寸法に作る加工である．原理的には「溶かす」，「流す」，「固める」の工程を行うことによって成形を行う．

　プラスチック (plastic) は金属に比べて耐熱性が劣るが，溶融点が低いために，金属の鋳造に比べて成形性や寸歩精度がよく，光沢のある表面が容易に得られる．

〔1〕 **射 出 成 形** 　**射出成形** (injection molding) は，押出成形とともに**熱可塑性プラスチック** (thermoplastic) の代表的な加工法である（**図 8.26**）．

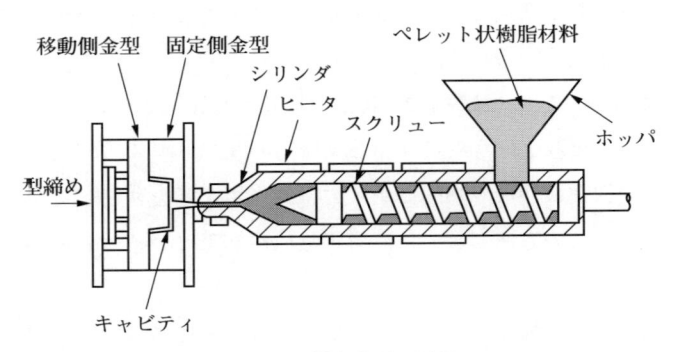

図 8.26 射出成形の原理

　この成形法は生産性が高く，複雑な形状の成形品が容易に成形できるなどの利点を有することから，電化製品，自動車部品，精密機械部品，電子機器部品などにおいて広範囲にわたり利用されている。最近では射出成形機の発展がめざましく，コンピュータが導入され，取出しロボット，材料供給装置，成形品搬出装置などと組み合わせて全自動で高品質な製品を容易に生産できる。

　この成形法は熱可塑性プラスチックだけでなく，**熱硬化性プラスチック**(thermosetting plastic) にも適用できる。原理的にはシリンダ中で加熱流動化させた材料を高圧で金型内に射出し，冷却固化（熱可塑性プラスチック）または硬化（熱硬化性プラスチック）を待って**金型** (mold) を開いて成形品を取り出す。射出成形機のノズルから射出された材料は金型のスプルー，ランナ，ゲートを通ってキャビティに充てんされる。

〔2〕　**押出成形**　　圧縮成形や射出成形では部品や製品を1回ずつのサイクルにおいて成形するが，**押出成形** (extrusion) ではフィルムやシートやパイプのような長尺ものの素材を連続成形する方法である（図 8.27）。

　原理的にはプラスチックを加熱シリンダ内で溶融させてスクリューで混練，押出しを行い，先端の金型（ダイ）で形を与え，これを水または空気で冷却固化させる方法である。ダイの形状やその他の装置の付加により，フィルム，シート，パイプ，プロフィル（異形材）などさまざまな断面形状の成形品や複合化した成形品を作ることができる。

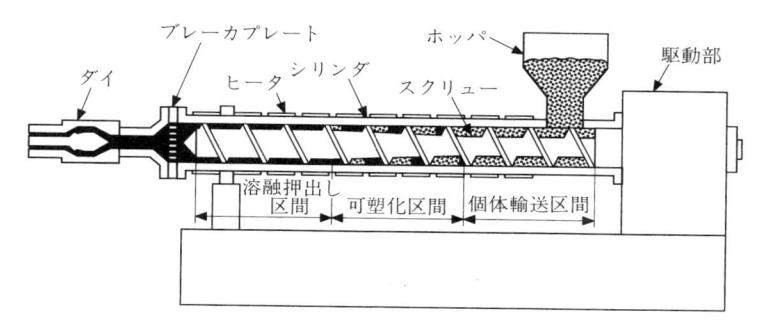

図 8.27 単軸押出機の構造

〔3〕 **ブロー成形**　**ブロー成形**（blow molding）は吹込み成形や中空成形ともいわれ，空気の吹込みにより内部を中空とする成形法で，原理的にはガラス瓶の成形法と同じである。大きく分けて押出しをしてから空気を吹き込む**押出ブロー成形**（extrusion blow molding）（**図 8.28**）と射出をしてから空気を吹込む**射出ブロー成形**（injection blow molding）とがある。

(a) パリソンの押出し　　(b) 空気の吹込み
図 8.28 押出ブロー成形

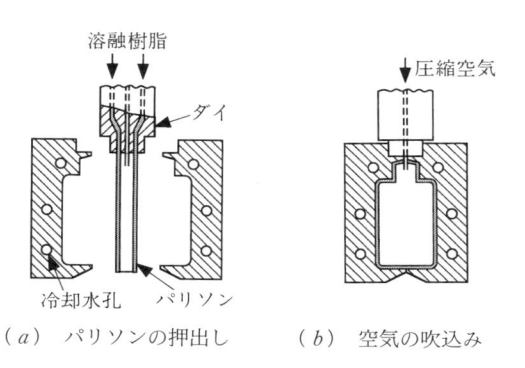

〔4〕 **ペースト成形**　ペーストレジンを用いた成形加工法は**ペースト成形**（paste molding）と呼ばれる。ペーストレジン（おもに乳化重合法で作られたPVC）に適量の可塑剤を加えてよく混合するとペースト状態となる。これは常温では液状であるが，加熱するとレジンが軟化溶融し，ゲルへと変化する。ゲルは固体レジンの連続組織中に可塑剤が微分散した状態で，ゲル化が完全に起こればペーストは流動しなくなり，軟らかい強靭な弾性体となる。ペースト

コーティング，ディップ成形（図 8.29），スラッシュ成形などがある。

〔5〕 **熱 成 形**　熱成形（thermoforming）はシートを加熱して軟化させ，これに外力を加えて所用の形に成形する2次成形方法である。最もよく使用される方法は熱可塑性プラスチックの真空成形（図 8.30）と圧空成形であ

図 8.29　ディップ成形

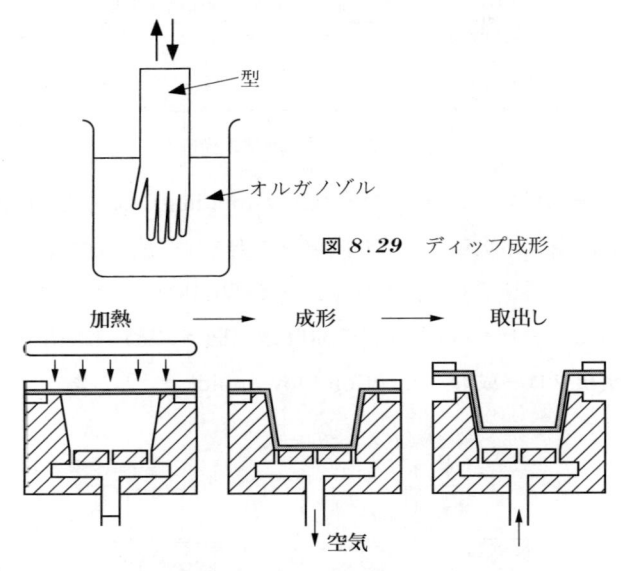

図 8.30　真空成形（ストレート法）

コーヒーブレイク

　図 8.31 のような部品を作ろうとしたときどのような作り方が考えられるか。鋳造，切削，鍛造がまず考えられる。つぎに，穴のあいた円盤に丸棒材を入れて溶接を行う。または穴のあいた円盤に丸棒材を圧入（大きな力をかけて無理やり入れる）する。いろいろな作り方が考えられる。もちろん，作る手間も，費用も違うし，でき上がった部品の特性も違ってくる。学んだ機械工作法の知識を生かして，身のまわりにあるものの作り方を考えてみよう。

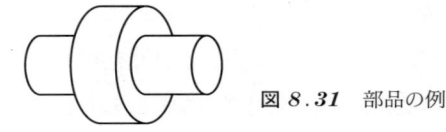

図 8.31　部品の例

るが，不完全硬化した状態の熱硬化性プラスチックのシートを加熱し，曲面金型に圧着させて一種の絞り加工をするポストフォームのような方法もある。

〔**6**〕**そ　の　他**　　プラスチックの成形法には，ほかに圧縮成形，トランスファ成形，カレンダ成形，粉末成形，積層成形などがある。

演 習 問 題

【1】 鉄，銅，アルミニウムの融点はいくらか。

【2】 つぎの製品はどのように加工されてできているか。
　　　（1）　釘　　　　　（2）　スプーン
　　　（3）　ボールペン　（4）　卵ケース

9

計 測 ・ 制 御

　最近では，家庭で使用される炊飯器やエアコンなどにも制御機能がついたものが見られるようになった。これはマイクロコンピュータが手軽に使えるようになり，また小型の各種センサが開発されてきたことによる。このように制御にあらゆる分野で使用され，機能向上だけでなく，安全性，耐環境性や危険な作業からの人間の解放など，人類に大きな貢献をしてきた。21世紀には，さらに制御技術が進歩することにより，人類や地球に貢献できると考えられる。いまや，制御は工学の一般常識となってきている。本章では，制御に親しんでもらうための計測・制御の概要を述べる。

9.1　計測と制御のかかわり

　ある目的を持って人間が機械を操作する代わりに，機械自身が人の指示した目的に沿って自動的に働く機能を**制御**（control）という。身近な例として，ホームこたつの温度制御を考えて見よう。人間がこたつの温度制御する場合は**図 9.1** に示すようになる。

　この場合の働きを見てみると，こたつの温度を30℃にしたいとすると人間の頭脳には30℃が記録されており，まず温度計の目盛を読んで現在値を知る。そして，目標値の30℃と比較して低い場合，ヒータにより多くの電流が流れるようにスライダックを回して電圧を上げる。このときどの程度上げればよいかは経験によって判断することができる。そして，再びこたつの温度を温度計で読み，目標値の30℃になるまで続けられ，制御される。これらの一連の動作を分析整理するとつぎのようになる。

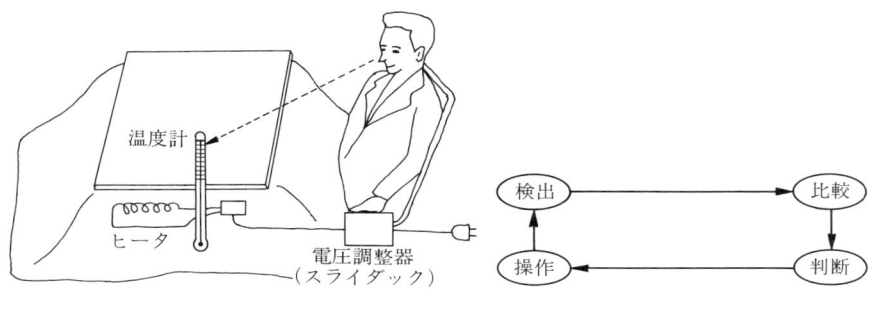

図 9.1 人間によるこたつの温度制御　　**図 9.2** 制御動作の流れ

① 温度計の目盛を読み現在値を知る。　………………………… 検出
② その値と目標値との比較を行う。　……………………………… 比較
③ その差に基づいて操作量を判断する。　………………………… 判断
④ その判断に基づいて操作をする。　……………………………… 操作
⑤ そして，再び温度計の目盛を読む。　…………………………… 検出
⑥ 以下，②以降が繰り返される。

　　　　　:

すなわち，動作は繰り返され，つぎの**図 9.2**のような流れになっている。このように制御をするということは，検出（計測），比較，判断，操作という動作の繰返しであり，その流れは**ループ**（loop）をなしていることがわかる。ホームこたつの場合，結果である温度をもとに，原因である電圧を修正するという循環する動作（これをフィードバックという）が繰り返されている。このように制御するためには，現実をしっかりと把握するための**計測**（instrument）が重要であり，計測と制御はつねに一体である。

　自動制御の基本的な考え方はここに示した**フィードバック**（feedback）であり，人間が制御するのを**手動制御**（manual control）という。この人間が果たしていた役割をすべて機器に置き換えれば**自動制御**（automatic control）となる。このように動作が順々と関連していくことから，この流れがわかりやすいような線図が考えられた。人間が制御するホームこたつ（**図 9.1**参照）

168   9. 計 測 ・ 制 御

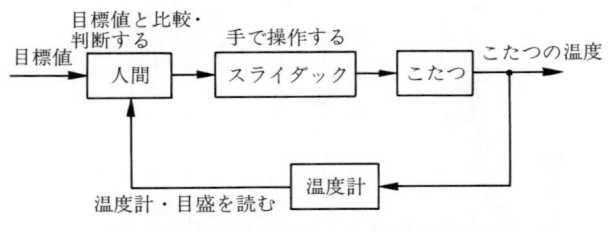

図 9.3 手動制御によるこたつの温度制御

の場合，つぎの図 9.3 ように示すとわかりやすい。

　図のように具体的な物をブロックで囲み，動作信号の流れを表す線図を**ブロック線図** (block diagram) という。

　この手動制御を自動制御にするためには，人間が果たしていた役割を機器に置き換える必要がある。人間は多くの事柄を難なくこなしているが，これを機器に果たさせるとすると結構たいへんである。まず，こたつの現在の温度の計測が必要であるが，人間が見て検出できる機器では駄目であることが，制御における計測の重要な点である。すなわち，計測された現在値が電圧などとして出力される検出器でなければならない。そして，目標値を設定する機能，目標値と現在値との比較，さらに差に応じてスライダックの操作量を判断する機構，操作するためのモータなども必要となる。こたつを自動制御とした場合のブロック線図は図 9.4 に示すようになり，必要な機器や信号の流れが理解しやすくなる。

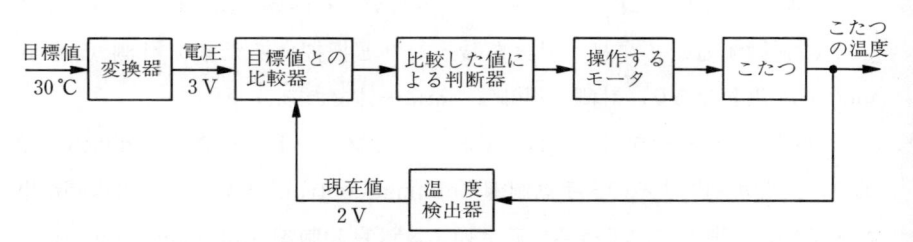

図 9.4 自動制御によるこたつ制御のブロック線図

9.2 制御で要求される計測

　身近にあるホームこたつの自動制御が結構たいへんであることはわかったが，実際のホームこたつの制御は，人間によっていとも簡単に行われている。これは，**バイメタル**（bimetal）を使用することで，計測・比較・判断・操作の一連の作業を上手に達成している。図 9.5 に通常の自動制御ホームこたつを示す。

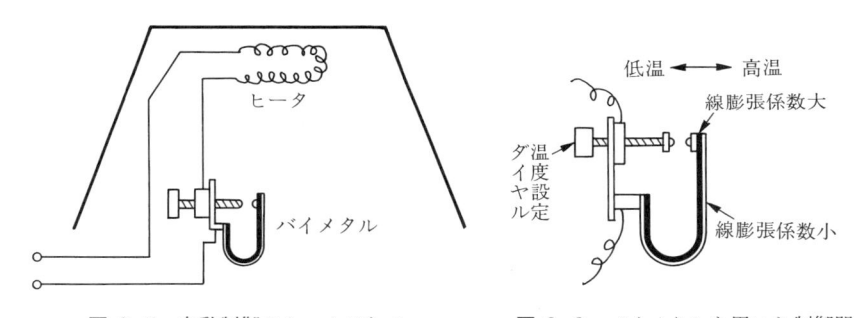

図 9.5　自動制御のホームこたつ　　　　図 9.6　バイメタルを用いた制御器

　バイメタルは線膨張係数の異なる2種類の金属を張り合わせたもので，温度が高くなれば二つの金属の伸びの違いから曲がることになるのを利用した温度センサであるが，これを比較・判断・操作器としても利用したものである。図 9.6 にバイメタルを用いた制御器の機構を示す。

　バイメタルが温度により曲がることを利用し，これを電気接点と組み合わせることで見事な制御器を構成している。つまり，温度設定ダイヤルにより接点位置を変えることで目標値が設定でき，その目標値温度よりこたつ温度が高い場合バイメタルは曲がり，バイメタルの先についた接点が離れ，この逆の場合接点が接触して電流が流れ，ヒータを温める。温度計測，目標値設定，目標値との比較，判断，操作をすべて行っている優れ物（**温度調節器**：thermostat という）である。このように，制御で必要とされる計測はつぎの制御器とうまく合っていることが重要であり，かつ小型でシンプルなものが要求される。

9.3 制御で必要な基礎事項

9.3.1 ブロック線図

一般的な制御系は，具体的な機器などをブロックで囲み，図 9.7 に示すようなブロック線図で表される。

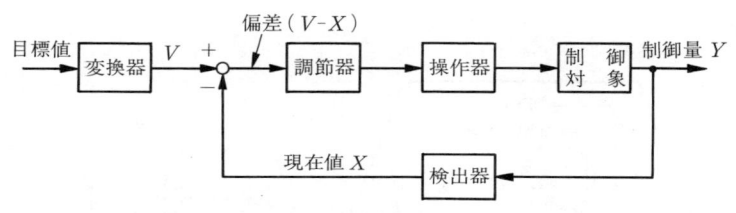

図 9.7　一般的な自動制御系のブロック線図

図 9.4 と図 9.7 では**目標値**（desired value）との比較部分が変わっているが，これは比較判断を**調節器**（controller）と呼ばれる機器で行うため，信号の流れを明確にするため，ブロック線図では加え合せ点として図 9.8 のように表す。

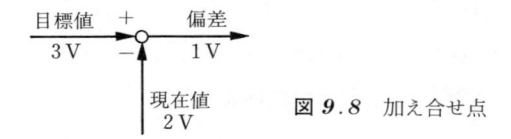

図 9.8　加え合せ点

比較という動作は，目標値と現在値（detected value）との差（偏差：deviation）をとることであり，この場合では $3V - 2V = 1V$ となり，さらに $1V$ 現在値を上げる必要があることを示している。この加え合せ点には必ず，$+$, $-$ の符合がつくことになる。

図 9.7 に示したように制御系では，いろいろな要素（**変換器**：transducer, **調節器**, **操作器**：actuator, **検出器**：detector, そして**制御対象**：controlled system）が連なり，そのトータルとして**制御量**（control variable）

が決まることになる。このためには個々の要素の特性が重要であり,しかもつぎつぎとその結果(**出力**:output)がつぎの原因(**入力**:input)となってフィードバックされるため,時間的経過が影響してくる。ブロックで囲まれた機器などを要素と呼び,これの入出力の関係が問題となる。

9.3.2 要素の特性

ホームこたつの目標値ダイヤルと接点位置について,これをブロック線図にすると図 **9.9** のようになる。

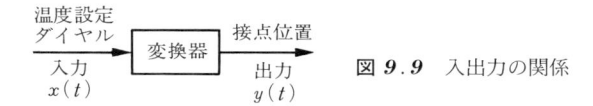

図 **9.9** 入出力の関係

原因側を入力 $x(t)$,結果側を出力 $y(t)$ といい,時間的経過が重要であることから時間 t の関数として表される。

この変換器の場合はシンプルであり,ダイヤルの回転角はねじにより接点位置が変化する。すなわち

$$y(t) = Kx(t)$$

と表され,**時間的遅れ**(time lag)もなく,出力(接点位置)は入力(ダイヤルの回転角)に比例する。このように入出力特性が比例関係にある要素を**比例要素**(proportional element)と呼ぶ。

このような要素としてはいろいろなものがあるが,大まかには六つの要素で整理することができ,後はこれらの組合せとなる。

すなわち,つぎの六つの要素で表される。

1) 比例要素

$$y(t) = Kx(t) \quad (K:ゲイン定数) \tag{9.1}$$

2) 積分要素

$$y(t) = K_1 \int x(t)\,dt \quad (K_1:定数) \tag{9.2}$$

3) 一次遅れ要素

$$\frac{dy(t)}{dt} + Ay(t) = Bx(t) \quad (A, B：定数) \qquad (9.3)$$

4) 微分要素

$$y(t) = K_2 \frac{dx(t)}{dt} \quad (K_2：定数) \qquad (9.4)$$

5) 二次遅れ要素

$$\frac{d^2 y(t)}{dt^2} + 2\zeta\omega_n \frac{dy(t)}{dt} + \omega_n^2 y(t) = \omega_n^2 x(t)$$

(ζ：減衰係数比，ω_n：固有角振動数) $\qquad (9.5)$

6) むだ時間要素

入力 $f(t)$ に対して出力 $f(t-L)$ （L：むだ時間） $\qquad (9.6)$

いろいろな機構や物理現象を表現するにはどうしても数学的な手順が必要になるが，ここでは単に微分，積分，微分方程式などの学習が必要であるという意味で式（9.2）〜（9.6）を示した。

実際にこれらの要素の入出力特性が問題となるのは，9.3.4項の制御系の応答 においてである。

9.3.3 伝達関数

制御では前節に述べた要素がいくつも連なり，例えば最終の制御量と目標値との関係を求めようとすると，微分方程式を順々に代入して整理しなければならず，かなり複雑になってくる。この取扱いを簡単にしたのが**伝達関数**（transfer function）の考え方である。これは数学的には高度な**ラプラス変換**（Laplace transformation）を使うが，ここでは，単に時間 t の関数が演算子 s の関数に変換されると考えることとする。

時間関数 $x(t)$ をラプラス変換するのを $L[x(t)]$ と表し，その結果を大文字の $X(s)$ で表す。すなわち

$$L[x(t)] = X(s) \qquad (9.7)$$

と表される。

このラプラス変換を式 (9.1)〜(9.6) に適用すると，入力 $X(s)$ と出力 $Y(s)$ の関係は代数式で表され，入力 $X(s)$ と出力 $Y(s)$ の比は簡単に求められる。

すなわち

1) 比例要素

$$\frac{Y(s)}{X(s)} = K \tag{9.8}$$

2) 積分要素

$$\frac{Y(s)}{X(s)} = \frac{K_1}{s} \tag{9.9}$$

3) 一次遅れ要素

$$\frac{Y(s)}{X(s)} = \frac{B}{s+A} \tag{9.10}$$

2) 微分要素

$$\frac{Y(s)}{X(s)} = K_2 s \tag{9.11}$$

3) 二次遅れ要素

$$\frac{Y(s)}{X(s)} = \frac{\omega_n^2}{s^2 + 2\zeta\omega_n s + \omega_n^2} \tag{9.12}$$

4) むだ時間要素

$$\frac{Y(s)}{X(s)} = e^{-Ls} \tag{9.13}$$

で表される。すると出力 $Y(s)$ はこの比で求められた関数に入力 $X(s)$ を掛ければよいことになる。このことから，この関数を**伝達関数** (transfer function) と呼んで $G(s)$ で表している。伝達関数は制御における重要な関数である。

$$\frac{Y(s)}{X(s)} = G(s) \tag{9.14}$$

出力　$Y(s) = G(s)X(s)$ $\tag{9.15}$

式 (9.8)〜(9.13) が基本要素の伝達関数である。ブロック線図は，通常

この伝達関数を用いて図 **9.10** のように表される。つまり，出力 $Y(s)$ はつねに伝達関数 $G(s)$ に入力 $X(s)$ を掛けたものとして求められるという定まった法則で取り扱うことができ，非常に便利な関数である。一般的な制御系である図 **9.7** の場合，それぞれの要素を伝達関数で表すと図 **9.11** のようになる。

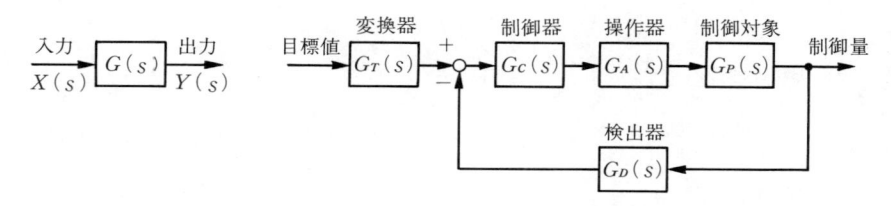

図 **9.10** ブロック線図の入出力関係

図 **9.11** 一般的な制御系のブロック線図

9.3.4 制御系の応答

制御系の特性表示は伝達関数を用いることで簡単に表すことができることを示してきたが，実際に時間とともに出力がどうなるか求めてみよう。

制御系で起こる変化にはつぎのようなものがある。

1) ステップ状変化（目標値などが新しい値に変わる，図 **9.12**）を**ステップ入力**（step input）といい，$x(t)=K$ で表し，このときの出力 $y(t)$ を**ステップ応答**（step response）と呼ぶ。

2) ランプ状変化（目標値などが一定速度で変わる，図 **9.13**）を**ランプ入力**（ramp input）といい，$x(t)=Kt$ で表し，このときの出力 $y(t)$ を**ランプ**

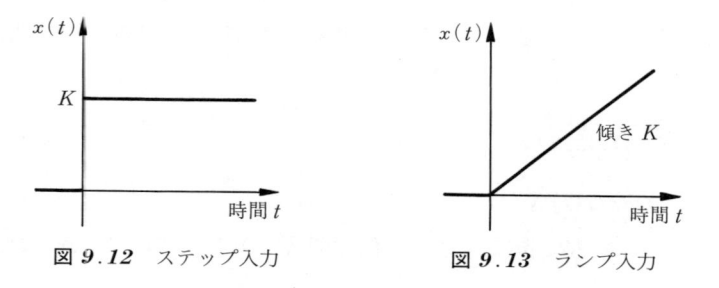

図 **9.12** ステップ入力

図 **9.13** ランプ入力

応答 (ramp response) と呼ぶ。

3) 周期的な変化（路面の凹凸による車の振動など）を正弦波入力 $x(t) = A\sin\omega t$ で表し，このときの周波数 ω を変化させたときの出力 $y(t)$ を**周波数応答** (frequency response) と呼ぶ。

各要素についてのステップ応答の概略特性を**図 9.14** に示す。

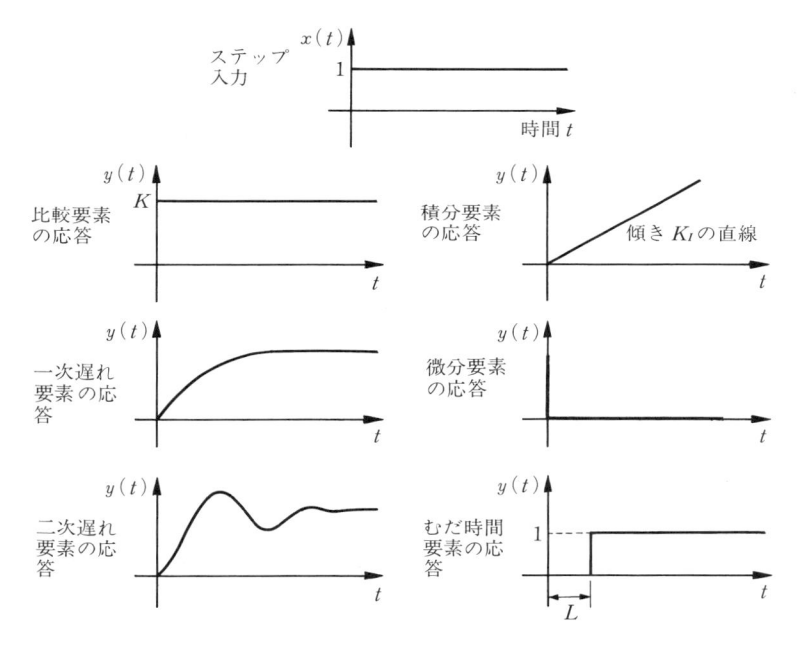

図 9.14 基本6要素のステップ応答

9.3.5 周波数応答

自動車で凹凸のある道路を走行しているとき（**図 9.15**）の自動車の上下振動を考える。凹凸道路の変化にはいろいろな時間間隔や大きさがあるが，これは正弦波変化の集まりと考えられる。すなわち，これが入力としての正弦波であり，そのときの車体の上下振動が出力（すなわち，周波数応答）となる。

この周波数応答 (frequency response) は入力 $X(t) = A\sin\omega t$ で表され，出力 $y(t) = B\sin(\omega t + \phi)$ として求められ，**図 9.16** のように表される。

正弦波には波の大きさを表す**振幅** (amplitude) A と変化の速さを表す**周波**

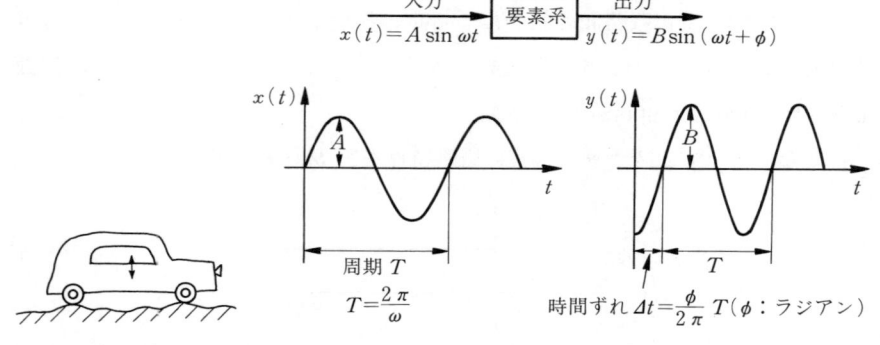

図 9.15 車体の振動

図 9.16 周波数応答

数 (frequency, 振動数も同じ) f [c/s＝Hz]が情報として入っている。これを式で表現するには三角関数が使われ，$\sin\theta$ などとなるが，θ は角度であるため，周波数 f を角度に対応させるために角周波数 $\omega=2\pi f$（制御では単に周波数という）が用いられる。そして，いろいろな周波数 ω について振幅と時間のずれ（数式上は角度となる）がどう変化するかを見ることになる。

つまり，入力振幅 A に対して出力振幅 B がもとより大きくなっているかどうかを B/A で求め，これを**ゲイン**（利得：gain）M で表し，また時間的ずれとして**位相**（phase）ϕ で表して求めたものが**周波数特性**（frequency characteristics），すなわち周波数応答でもある。この周波数特性を表現する方法として，**ベクトル軌跡**（vector locus）と**ボード線図**（bode diagram）がある。

9.4 制御の安定性

一般的な制御系は**図 9.11** に示したが，ここでは少し簡略化し，**図 9.17** とする。

制御は基本的にはフィードバック制御であり，図において目標値になるよう現在値と比較し，その差（偏差）を小さくなるよう修正していくことである。

9.4 制御の安定性

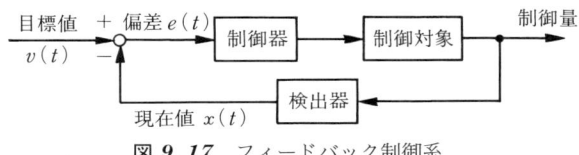

図 **9.17** フィードバック制御系

このとき，9.3節で述べたように，制御器，制御対象，検出器などの各要素には特性がある。このことから，偏差の信号はこれらの要素を経た後，目標値と比較されることになる。このため，修正しているつもりが逆に目標値から遠ざかる場合があり，これが制御系の安定問題として知られるもので，結構面倒な問題である。ここでは，この不安定が生じる意味を説明する。

目標値と現在値との比較は，図に示すようにそれぞれの値の引き算として行われる。すなわち，偏差 $e(t)=v(t)-x(t)$ で表される。

このとき，例えば図 **9.18**(a) の状態であればうまく引き算が行われ，偏差 $e(t)=0$ となり，目標値と現在値は一致することになる。ところが，各要素を経た結果が図(b)の状態であると，$v(t)-x(t)$ は足し算となってしまい，偏差 $e(t)$ は2倍の大きさになってしまう。これを繰り返すとますます偏差が大

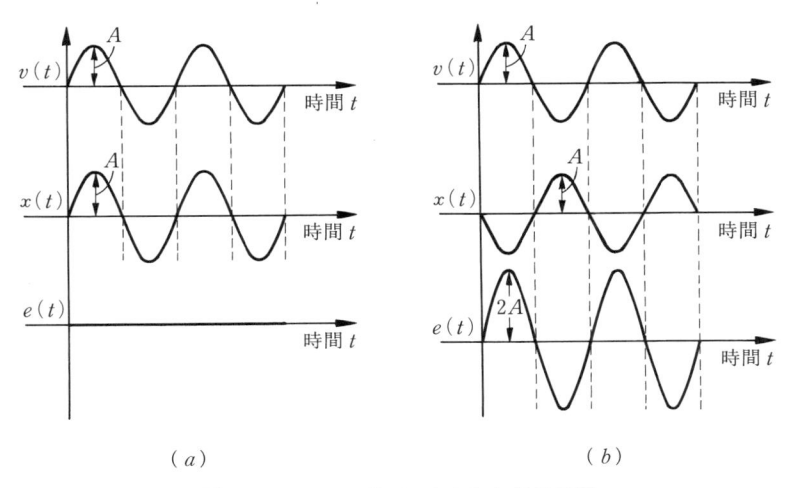

図 **9.18** フィードバックされた信号の例

きくなり，目標値と現在値との差はひらくばかりで，一致することはない。このような現象を制御系が不安定であるという。

このように，フィードバック制御であれば制御ができるとはかぎらない。このために，各要素のいろいろな入力に対する特性の把握が重要であり，さらにフィードバックされた系全体を考える必要があることから，制御にはやや高度な数学的手段が必要になってくるのである。

9.5 ガソリンエンジンの制御

実際の応用例として，自動車用ガソリンエンジンで行われている電子制御エンジンの概要を図 9.19 に示す。

エンジンは，空気と燃料が一定の割合で混じり合った吸気を点火することに

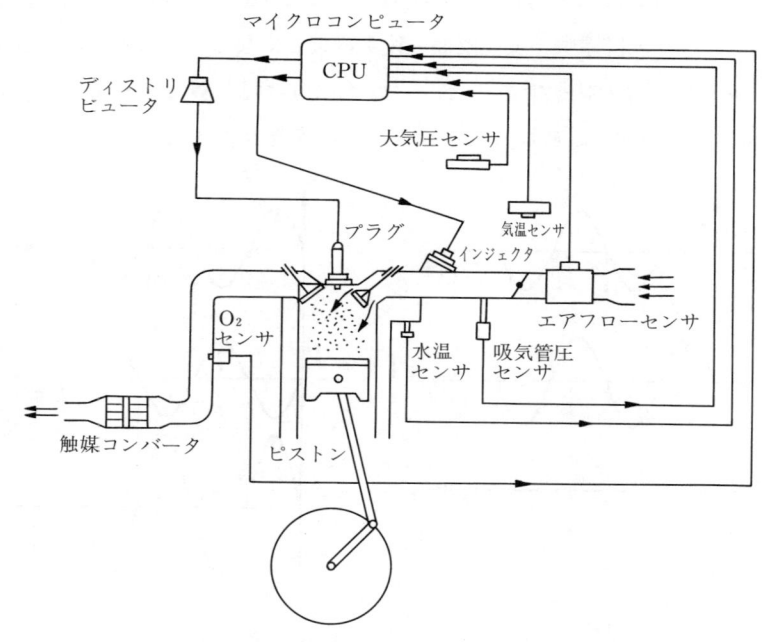

図 9.19 電子制御エンジンシステムの一例

よってピストンが運動するしくみである。この空気と燃料の比率と点火時期によって，エンジンの出力，燃費，排出ガス組成が大きく変わる。さらに，エンジンの特性は回転数，負荷の状態によって複雑に変化することから，最適なエンジン性能を出すためには計測・制御が不可欠であり，よりよい制御の研究開発が進められている。

まず，センサとしてはエアフローメータ（流入空気量），バキュームセンサ（吸気管圧力），濃度センサ，水温センサ，大気圧センサ，気温センサなどによって状況をしっかり把握し，そして最適値に制御する必要がある。しかしながら，多くのセンサがあることから単純には比較・判断ができない。そこで，各パラメータの最適値（目標値）をあらかじめマイコンのメモリに記憶させ，センサ情報とメモリテーブルとを比較し，アクチュエータ（操作器）であるイン

コーヒーブレイク

テストによるフィードバック

学校ではテストは重要であるが，これは教師が教えた事柄が学生に十分理解されているか，あるいは学生にとっては勉強したことがきちんと身についているかどうかを文字どうりテストするものである。その結果をフィードバックしていかに修正するかが教師，学生にとって最も重要な課題であり，修正なくして進歩はあり得ない。

閉ループ（フィードバック）

フィードバックはいろいろな場面で日常的に行われている。例えば，私がA君にある仕事を依頼する。A君は真面目なので仕事を片づける。しかし，そのままだと依頼人である私はわからない。A君が仕事をすませたことを私に報告すると信号の流れは閉じることになり，これも一種のフィードバック（閉ループ）で，日常生活においては大切なことである。

制御の安定性

自動車の運転は自動車を手動制御することである。初心者によく見られる運転ミスは，例えば，車が右に向き過ぎたときは左にハンドルを回して修正するが，車のスピード，気づいてからの時間経過などの判断ミスによりハンドルを左に切り過ぎ，今度は左方向に向き過ぎて，というように悪循環を繰り返し，道路をはみだしてしまうことがある。これが制御における不安定現象である。

ジェクタ（燃料噴射装置）とディストリビュータ（点火配電器）に最適の指令信号を与える制御が行われている。

このように，機械的制御や要素特性をよくするだけでは最適なエンジンの状態を作り出すことは不可能になってきており，エレクトロニクス，コンピュータを上手く連動させることが大切で，機械，電子，情報の一体化（**メカトロニクス**：mechatronics と呼ばれる）が今後の技術向上のかなめである。このことから，機械技術者を目指す人にとっては，機械工学のみならず電子回路，コンピュータ基礎などに積極的に取り組まなければ役に立たなくなる恐れがある。

演 習 問 題

【1】 水洗トイレに使われている水タンクの水は，どのようにしていつも保たれているか説明せよ。

【2】 フィードバック制御は人間の成長にとっても重要であるが，定期試験における検出，比較，判断，操作はそれぞれ何に相当するか答えよ。

【3】 お風呂の温度制御のブロック線図を書け。

【4】 CDプレーヤには多くの制御系が使われている。つぎの制御系の動作について調べよ。
（1） トラッキングサーボシステム
（2） フォーカスサーボシステム

10

メカトロニクス

　メカトロニクス（mechatronics）とは，電子技術を応用して機械とコンピュータを結び，プログラムによって機械の自動化を促進する技術を指す。さらに，このメカトロニクス技術と**情報技術**（IT：information technology）が統合して工場生産の自動化が進められている。本章では，メカトロニクスの基礎とその応用について学ぶ。

10.1 機械と電気のかかわり

10.1.1 電子制御される機械

　図 *10.1* のように，ロボットには小型で高速なコンピュータが内蔵されており，数多くのセンサやモータを制御している。センサは視覚，聴覚，臭覚，味覚，触覚といった人間の5感に相当する機能を持っている。センサ情報は，使いやすさの点から電気信号に変換され，コンピュータに取り込まれる。コンピュータは，再び命令としてモータやシリンダといったアクチュエータへ信号を送り，機械が目的に合った仕事を行うように制御する。また，センサやアクチュエータの信号とコンピュータの信号のレベル合せなどを行う回路をインタフェースという。

　近年，目に光を検知するカメラ，耳にステレオマイク，あご，頭頂部，背中にタッチセンサを内蔵し，プログラムに従って人間とコミュニケーションをとりながら動くエンターテイメントロボットが登場し，人気がある。

　このように，コンピュータ，センサ，アクチュエータ，インタフェースおよ

図 10.1 工場で働くロボット

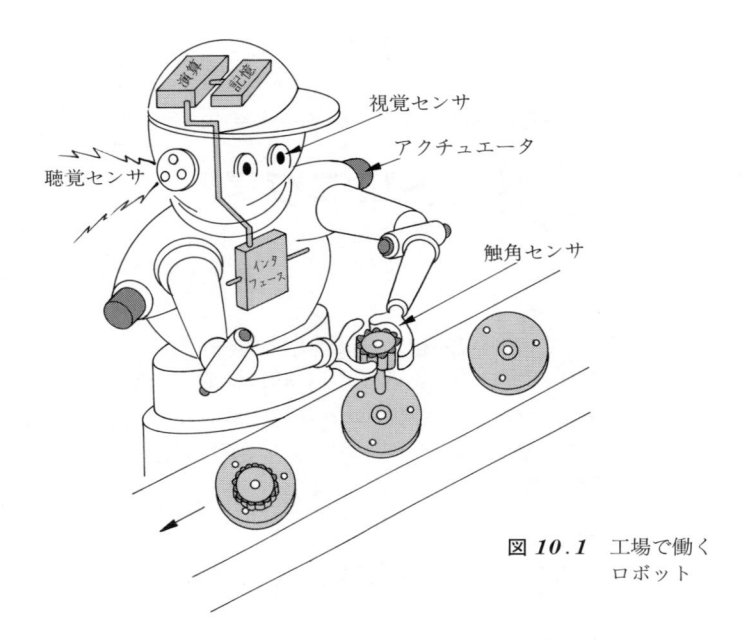

びそれらを制御するソフトウェア技術が融合して初めて機械の電子制御が可能となっている。

10.1.2 アクチュエータ

機械の駆動源を**アクチュエータ**（actuator）といい，いろいろなエネルギーを機械動力に変換する。**図 10.2** にアクチュエータの分類を示す。

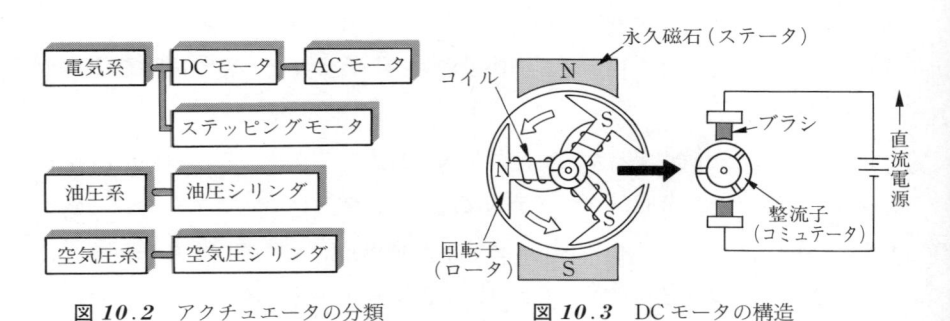

図 10.2 アクチュエータの分類

図 10.3 DC モータの構造

油圧式は低速で大きな動力を発生する。空気圧式は低圧であるが応答が速く，しかも工場の空気を利用できてクリーンである。電気式は**電磁誘導の原理**を応用したものであり，高精度，高出力かつ制御しやすく，スペース効率もよい。メカトロニクスのアクチュエータとしては，電気式のDCモータ，ACモータ，ステッピングモータが多く用いられている。

　直流電動機を**DCモータ**といい，速い応答性と高トルクを有しており，速度制御用のモータとして利用されている。**図10.3**にDCモータの構造を示す。中心に回転子（ロータ），そのまわりに界磁用永久磁石で作られた固定子（ステータ）がある。回転子は巻き方が異なる複数のコイルで構成され，整流子（コミュテータ）とも呼ばれる。ブラシ，整流子を通してコイルに直流電流が流れると，電流と界磁用磁石のなす合成磁界がモーメントを発生し，回転子が矢印方向に回転する。

　交流モータをACモータという。**図10.4**に**ACモータ**の構造を示す。主巻線と補助巻線に流れる交流はコンデンサによって位相が90°ずれている。そのため，主巻線と補助巻線に極性の異なる回転磁界が発生し，回転子が回転する。回転子がコイルの場合を誘導モータ，磁石の場合をシンクロナスモータと呼ぶ。ACモータは，ブラシによる機械的接触部がないためメンテナンスフリーで寿命も長く，DCモータに代わるクリーンなサーボモータとして利用が拡大している。

　ステッピングモータはパルスモータとも呼ばれる位置制御用モータである。**図10.5**のように，固定子としてコイルを巻いた複数の鉄心が回転子まわりに配置され，そのコイルに順番にパルス電流を流すことによって回転子が規則的に回転する。コイルに$A \rightarrow B \rightarrow \bar{A} \rightarrow \bar{B}$の順に電流を流す（1相励磁）と**CW**（時計回り：clockwise）に，逆順に電流を流すと**CCW**（反時計回り：counter clockwise）にステップ角度だけ回転する。ステップ角度は1.8°のものが多い。励磁方式にはこのほかに2相励磁，1-2相励磁がある。ステッピングモータは，高精度の位置決めが要求されるプリンタの印字ヘッドや，スキャナのリニアイメージセンサの駆動をはじめ，工作機械に多用されている。

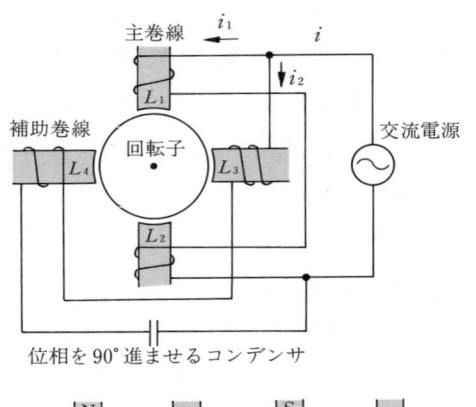

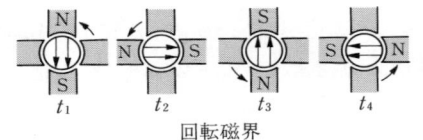

図 10.4 AC モータの構造

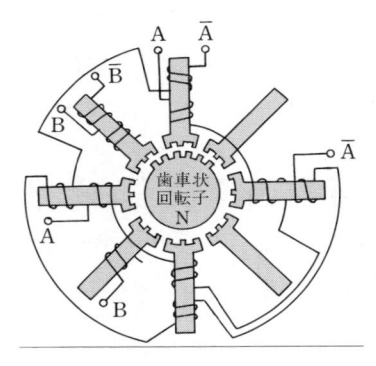

図 10.5 ハイブリッド型ステッピングモータの構造

1極に2組のコイルが巻かれている。ロータは図に見える N 極と歯幅 1/2 だけずれた S 極がはり合わされている。以上の構造と電磁誘導の原理で 1.8°回転する

10.2 機械の自動化

10.2.1 ハードウェアとソフトウェア

コンピュータの機能のうち，計算をしたり情報処理をつかさどる素子を**マイクロプロセッサ**という．近年，高速で小型のマイクロプロセッサが作られ，かつての大型計算機に近い機能が，パーソナルコンピュータやポケットコンピュータに収まるまでになっている．コンピュータの3大機能は演算・制御，記憶，入出力であり，図 10.6 に示すように演算・制御を行う **CPU**（中央処理装置：central processing unit），プログラムやデータを記憶する**メモリ**，および**入出力装置**で構成される．

情報の最小単位を**ビット**（bit）で表し，$2(2^1)$ 通りの信号を表現できる．8 ビットの場合は $256(2^8)$ 通りの信号を表現できる．CPU は 8 ビット，16 ビットあるいは 32 ビットのデータを一度に処理する能力を持っている．メモリに

10.2 機械の自動化

図中ラベル：
- 演算装置
- 制御装置
- CPU
- ROM
- RAM
- IC メモリ
- インタフェース
- キーボード
- マウス
- スキャナ
- プリンタ
- プロッタ
- ディスプレイ
- コンピュータ本体
- 入出力装置
- データの流れ

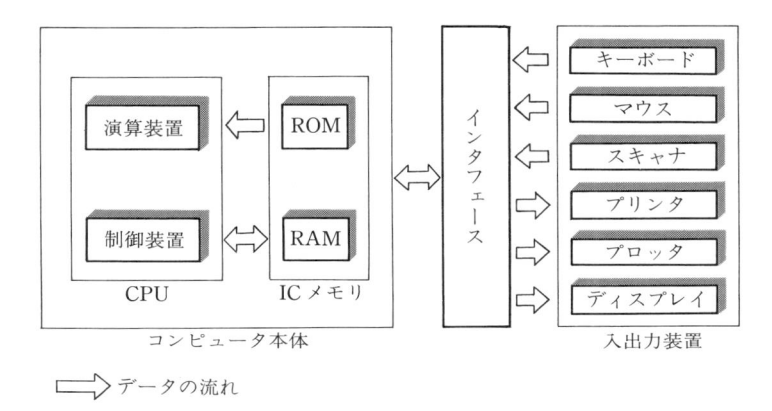

図 **10.6** コンピュータの基本構成

は読出し専用の **ROM**（random access read only memory）と読み書きが自由な **RAM**（random access read/write memory）がある．メモリ IC の記憶容量は1個のチップに記憶できる量をビット数で表し，$2^{10}=1\,024$ ビットを1 K ビット，1 バイトを 8 ビットと表現する．

　コンピュータの入出力装置は，CPU の制御に基づいて，プログラムやデータをインタフェースを通してメモリに格納したり取り出したりする．入力装置にはキーボード，マウス，スキャナ，出力装置にはプリンタ，プロッタ，ディスプレイなどがある．

　コンピュータに論理動作を書き込む作業がプログラミングである．制御用プログラムは CPU の動作に直結した機械語で記述されるが，機械語をニーモニック（mnemonics）と呼ばれる英語表記形式にして少しわかりやすくした言語がアセンブリ言語（assembly language）である．アセンブリプログラムは，アセンブラ（assembler）という翻訳ソフトを用いて機械語に変換される．しかし，ハードウェアに対する複雑な制御を行なったり，関数演算を必要とする場合には，会話型高級言語を用いてプログラミングの効率化を図っている．会話型高級言語としては BASIC，C などがある．

　メカトロニクス用のソフトウェアとしては，リアルタイム性（即時性），ほかの機種への移植性，デバッグ性（プログラムの改良性）に優れていることが

要求される。また，システム全体を管理する基本ソフトウェア（**OS**：operating system）を用いて，アプリケーションやデータの機種間の互換性などの汎用的な実行環境を提供されている。また，シーケンス制御やロボット制御のための専用言語も存在している。

10.2.2　シーケンス制御とフィードバック制御

9章で学んだように，自動制御にはシーケンス制御とフィードバック制御がある。

シーケンス制御（sequence control）とは，「あらかじめ定められた順序に段階を逐次進めていく制御」である。

図 **10.7** は，AC モータを回転させる有接点シーケンス回路の構成である。押しボタンスイッチ（SW）を押すとコイルに直流電流が流れて鉄心が磁化される。すると，アーマチュアが動き，接点どうしが接触することによって交流電流が流れてモータが回転する。電磁石である電磁ソレノイドを作動させたときに閉じる接点を a 接点，開く接点を b 接点という。この電磁ソレノイドを利用して接点を入り切りするユニットを**電磁リレー**（継電器）という。電磁リ

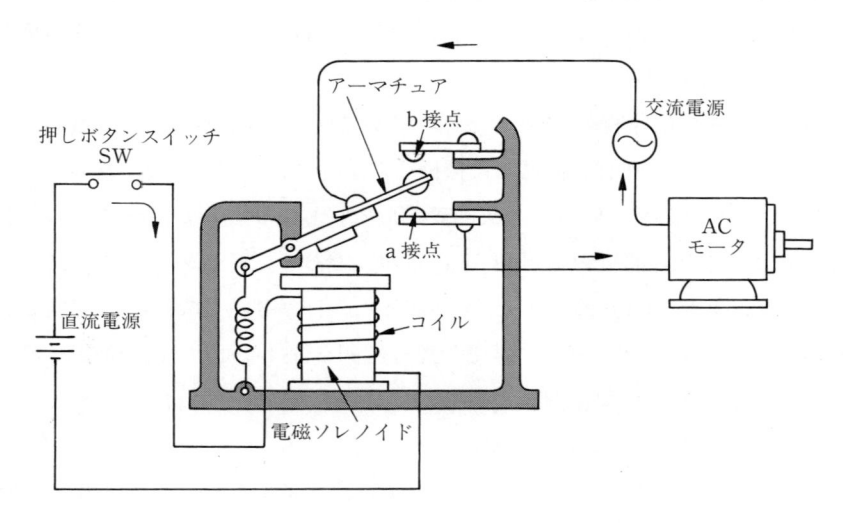

図 **10.7**　シーケンス制御の構成

レーの接点には大きな電流が流れるが，押しボタンスイッチの接点に流れる電流は小さいため安全である。

シーケンス制御は工場の電動機器，配電装置のスイッチング回路だけでなく，自動販売機，エレベータ，遊園地の遊具，鉄道模型などの身近な機器の制御に用いられている。リレー以外のシーケンスユニットに，タイマ，リミットスイッチなどがある。また，**PLC**（programmable logic controller）は，多くのシーケンスモジュールを半導体ロジックで一つのパッケージに収めたものであり，シーケンサとも呼ばれている。

機械を希望通りに動かすためには，位置，速度，加速度，姿勢などを目標値と比較し，ずれのないように制御する必要がある。このように「状態を正確に検出して，もとに戻す」制御が**フィードバック制御**（feedback control）である。フィードとは「物を与えること」を意味している。

図 10.8 はフィードバック制御を用いた DC モータの速度制御の構成である。モータは歯車を介して負荷を回転させる。モータに印加する電圧は回転速度センサの情報に基づいて増減させる。回転数が目標値より小さければ電圧を少し上げ，大きければ電圧を少し下げる。この動作を $100\,\mu\mathrm{s}$〜数 ms ごとに繰り返して制御する。

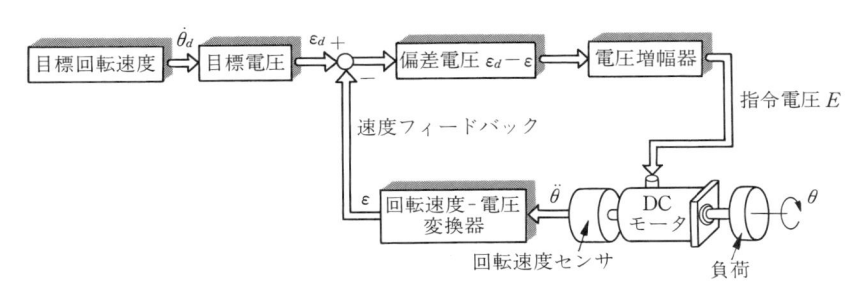

図 10.8　フィードバック制御

10.3 セ ン サ

10.3.1 センサの種類

センサ（sensor）は温度，力，変位，速度などを検知する素子であり，語源は英語の動詞「sence（感じる）」である。センシング技術はメカトロニクスにとって必須の技術である。

センサの種類はたいへん多く，**図10.9**のように検出原理から光電式，磁気式，超音波式，機械式，ガス式，バイオ式などに分かれる。センサの出力は多くの場合電圧に置き換える。最近のセンサは半導体化されていて小型・高感度であり，演算増幅器であるオペアンプと一体になっているものも多い。

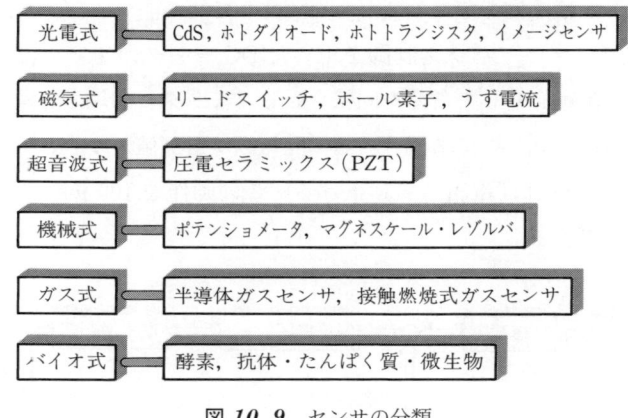

```
光電式  → CdS，ホトダイオード，ホトトランジスタ，イメージセンサ
磁気式  → リードスイッチ，ホール素子，うず電流
超音波式 → 圧電セラミックス（PZT）
機械式  → ポテンショメータ，マグネスケール・レゾルバ
ガス式  → 半導体ガスセンサ，接触燃焼式ガスセンサ
バイオ式 → 酵素，抗体・たんぱく質・微生物
```

図10.9 センサの分類

図10.10にセンサの種類を示す。温度センサの代表に**熱電対**（thermocouple）と**サーミスタ**（thermally sensitive resistor）がある。熱電対は，接触した二つの金属の温度差に相当する電圧を発生する**ゼーベック効果**（Seebeck effect）を利用している。また，サーミスタは，温度上昇によって抵抗値が増加あるいは減少する特性を利用している。

力センサ（図(a)）は物体が受けた力の大きさを貼り付けた**電気抵抗線**（ひずみゲージ）の抵抗変化から，ガスセンサは半導体表面に特定のガスが吸着する

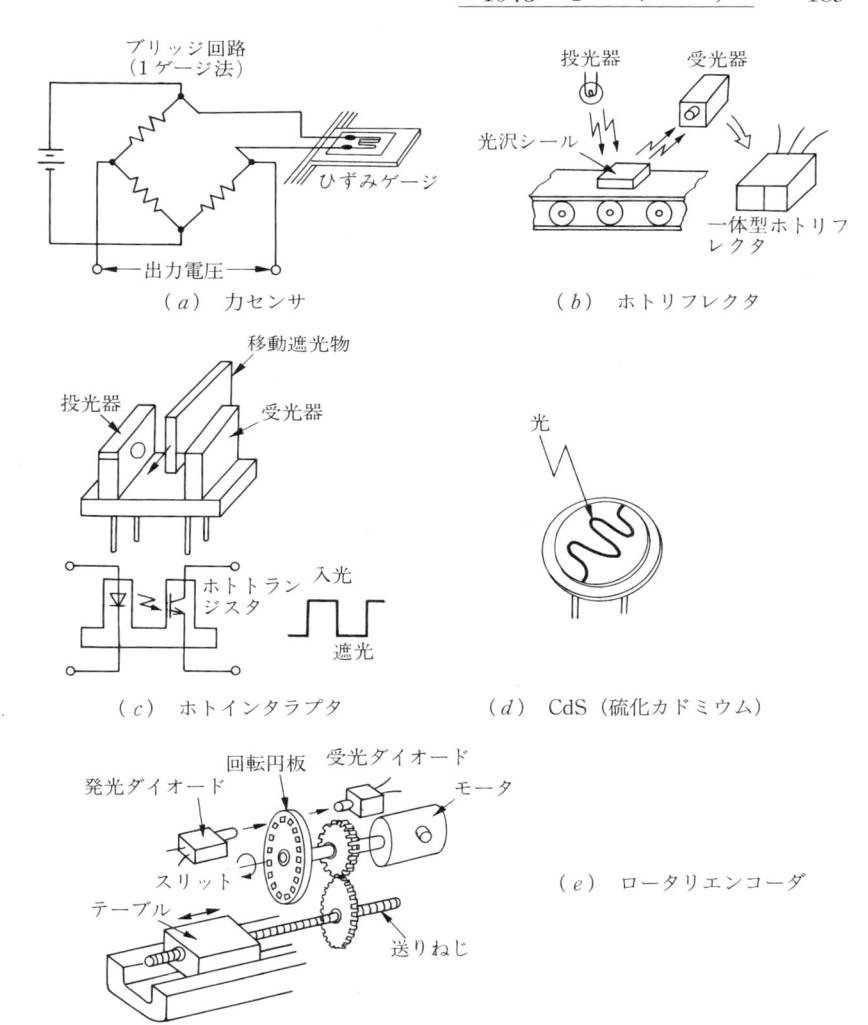

図 10.10 センサの種類

ことによる抵抗変化から推定する。

　また，可視光や赤外線によって物体を認識する光センサがある。光センサには反射光を検出する**ホトリフレクタ**(図(b))と透過光を検出する**ホトインタラプタ**(図(c))がある。また，カメラなどの露出計にはCdS(硫化カドミウム)(図(d))が使われている。光センサの一種である赤外線センサは，温度を出す

物体を検出する。熱源から放出される赤外線を受けて**圧電セラミックス**（PZT：チタン酸ジルコン酸鉛）の表面から遊離する電荷の量を観測するものである。

直線、あるいは回転変位センサである**ポテンショメータ**は、変位による抵抗変化をブラシで取り出す機械式センサである。また、回転角度のセンサとして**ロータリエンコーダ**（図(e)）があり、回転円板上のスリットを通過する光のパルスをカウントする光学式と、スリットの代わりに磁石を並べて検出する磁気式がある。磁気センサは磁界によって電子の偏在現象（ホール効果）を電圧として観測するものである。また、**レゾルバ**は交流型回転センサ、**タコジェネレータ**は発電機の一種で、回転速度に比例して電圧を出力するセンサである。

10.3.2 センサ技術の応用

センサの利用は工場の生産自動化の精度を左右する。センサとコンピュータを含めて**インテリジェントセンサ**あるいは**スマートセンサ**とも呼ばれる。センサを用いる場合には、ほかからノイズを受けやすいこと、必ずしも入力と出力が直線関係にないこと、さらにゼロ点変動などの特性を十分考慮しなければならない。最近はコンピュータ技術を用いてノイズカットや線形化処理、あるいは不要な周波数成分を取り除くフィルタリング処理などの補正技術が発達している。

画像を電気信号に変換するセンサに**イメージセンサ**と**CCD**（charge couple device）がある。イメージセンサはホトダイオードを一列に並べたもので、ファクシミリ、コピー機に使われている。CCDは2次元物体を計測でき、最近は画素数も増え、ディジタルカメラや胃カメラに使われている。また、色を識別するカラーセンサは赤・緑・青の光電量の割合をコンピュータで処理している。これら画像センサは生産ラインやロボットの目として利用されている。鋼板の傷探査、プリント基板上の配線異常検出には、画像処理とパターンマッチング技術を応用している。また、工場のラインを流れるびんのラベルの位置や向きを判断するには、びんの丸みのために3次元処理が必要となる。

図 **10.11** は、CCDカメラを用いてメインラインに流れてくる製品の形状

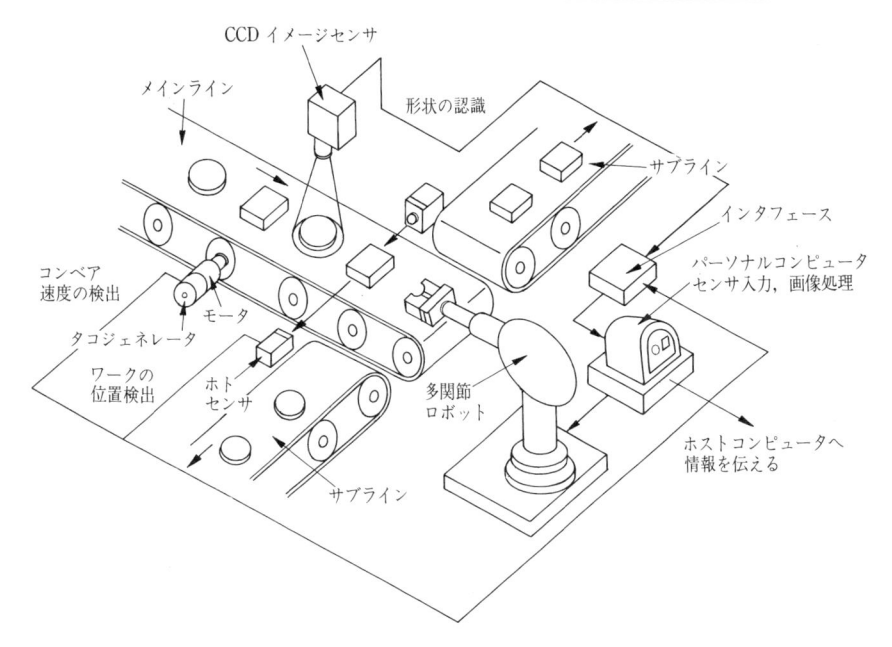

図 10.11 センサ技術を応用した仕分けシステム

を判別し，多関節ロボットでサブラインに仕分けするシステムである。CCDカメラからの情報は，ホストコンピュータに送られて形状が認識され，仕分け情報としてロボットに指令を送っている。

10.4 インタフェース

10.4.1 アナログとディジタルの変換

信号にはアナログ量とディジタル量がある。**アナログ**（analog）とは「連続」の意味であり，私たちの生活で用いる気温，時間，距離，音声などの物理量や変位，力，角度，電圧，粗さなどの工業量はアナログ量である。そのアナログ量をいくつかに分割して離散化した量が**ディジタル**（digital）量である。ディジタルとは「digit（指で数える）」を意味する。

センサで得られた電圧はアナログ信号である。したがって，そのままではコ

ンピュータに取り込めないので **A-D**（アナログ-ディジタル）変換器を通してディジタル信号に変換する。逆に，コンピュータの信号はディジタルなので，そのままでは DC モータを駆動できないため **D-A**（ディジタル-アナログ）変換器を通してアナログ信号に変換する。図 **10.12** にアナログとディジタルの関係を示す。

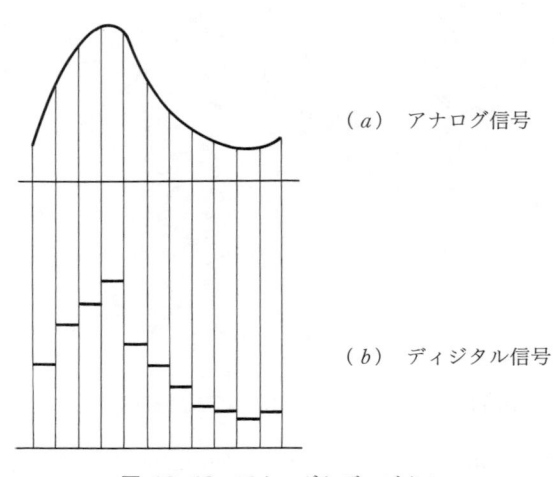

(a) アナログ信号

(b) ディジタル信号

図 **10.12** アナログとディジタル

10.4.2 インタフェース技術の応用

センサやモータなどの外部機器と CPU とのデータのやり取りはインタフェース（interface）を中継して行われる。インタフェースは，外部機器の入出力信号の特性やタイミングを調整するものである。また，図 **10.13** に示すように，入出力データの転送方式にパラレル（parallel）方式とシリアル（serial）方式がある。

パラレル方式は複数（通常 4～8 ビット）のデータを並列にデータバスに送り出す方式であり，ビット数だけの信号線を必要とする。代表的なパラレル入出力 IC に PPI 8255，通信規格として **GPIB** 規格がある。**シリアル方式**は 1 ビットずつデータを送るもので，信号線が少なくてすむ，ノイズの影響を受けないが伝送速度が比較的遅いなどの特徴がある。代表的なシリアル入出力 IC に

10.4 インタフェース

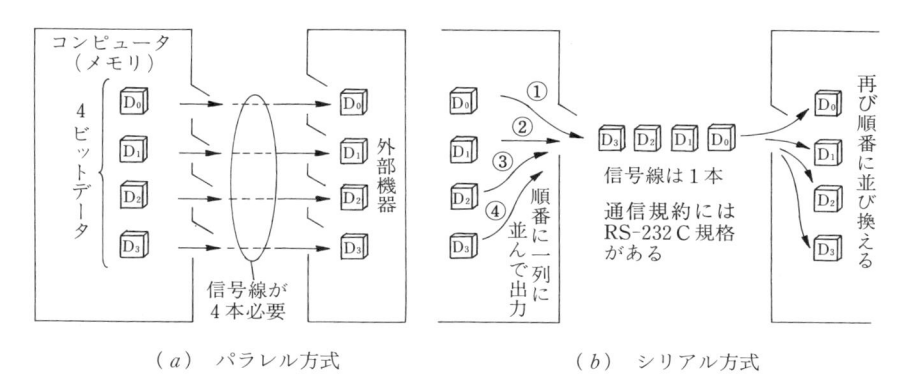

(a) パラレル方式

(b) シリアル方式

図 **10.13** データ転送方法

PCI 8251，通信規格として RS-232 C 規格がある。

また，センサ入力が不定期の場合は，CPU がインタフェースへの入力をつねに監視する無駄を省くため，**割込み処理**を用いることが多い。割込み処理については本書の範囲を超えるので，専門書で勉強してほしい。

図 **10.14** は DC モータに取りつけた冷却ファンを回転させ，ヒータの温度上昇をコンピュータで調節する構成である。ヒータの温度をサーミスタで測り，A-D 変換してコンピュータに入力する。もし，計測温度が目標温度より高い場合には，コンピュータから DC モータを駆動させる信号を出す。このときに，D-A 変換を行う。また，温度が低い場合は DC モータを回さずファンを停止状態のままにする。

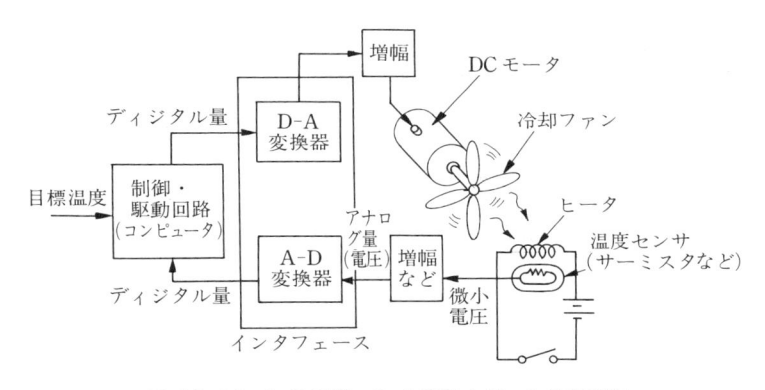

図 **10.14** A-D 変換，D-A 変換を用いた温度制御

10.5 ロボット

10.5.1 ロボットの分類

ロボットはコンピュータの発展として登場してきた。特に産業用ロボットは工場の自動化と省力化の中で誕生し，プログラムを切り換えることで作業内容を簡単に変更できる。また，工場の24時間の連続運転を可能とし，高温，水中，原子力環境のような極限状態下でも使用できる。

産業用ロボットは，図 **10.15** に示すように大きく分けて直交座標型，極座標型，円筒座標型，多関節型に大別される。**直交座標型**(図(*a*))は自由度が少ないが，剛性が高く精度のよい位置決めができ，プログラミングも容易である。**極座標型**(図(*b*))は回転形の基部に直進アームが載っており，作業範囲が広いのでスポット溶接用に用いられる。**円筒座標型**(図(*c*))は制御のしやすさ，スペース効率のよさ，垂直剛性の高さを生かして重量物のハンドリング用途に用いられる。**多関節型**(図(*d*))は剛性がやや低下するが，腕が長く動作範囲が広くとれる。ただし，制御が複雑であり，繰返し位置決め精度はそれほど高くない。この多関節型には水平型と垂直型があり，水平型は組立，パレタイジング（水平搬送）作業用，垂直型は3次元の姿勢がとれるのでアーク溶接や吹付け塗装作業用に用いられている。

10.5.2 ロボットの機構と制御

ロボットの機構として，関節，腕，手，指，足がある。図 **10.16** に示すように，アームとグリップハンドには小型のサーボモータと減速器が組み合わされる。減速機には**遊星歯車**や**ハーモニックドライブ**が用いられ，モータ主軸と同軸に配することができコンパクトな設計となる。

ロボットを支える制御技術について説明する。例えば，ワークをプレスに供給，排出する作業では，材料の供給，成形，取出しといった仕事の順番に機械を動かすシーケンス制御方式が使われる。また，経路や速度が複雑な場合に

10.5 ロボット 195

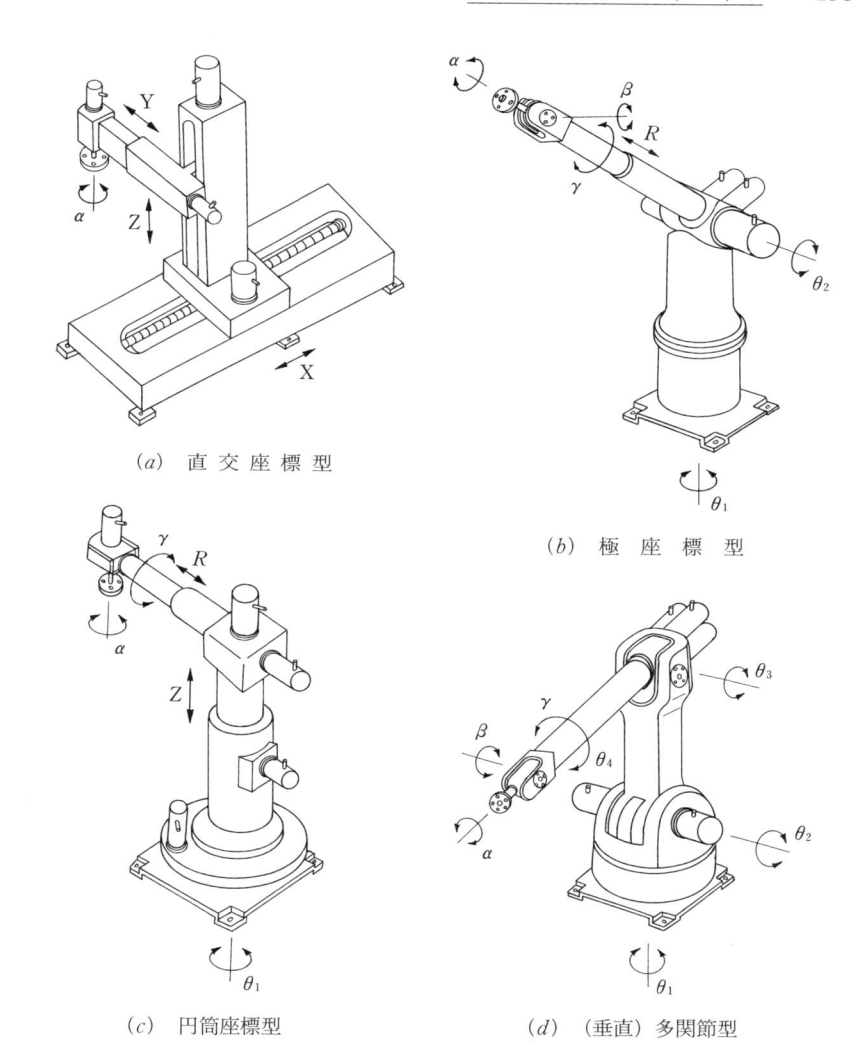

(a) 直交座標型

(b) 極座標型

(c) 円筒座標型

(d) （垂直）多関節型

図 10.15 産業用ロボットの種類

は，オペレータがロボットの腕を持って直接に手順を指定するか，ティーチングペンダント（教示盤）というリモートコントローラを使う**ティーチングプレイバック制御方式**をとる。塗装ロボットはこのタイプである。また，遠隔操作服を体につけてオペレータの動きをそのまま制御信号としてロボットに送る**マ**

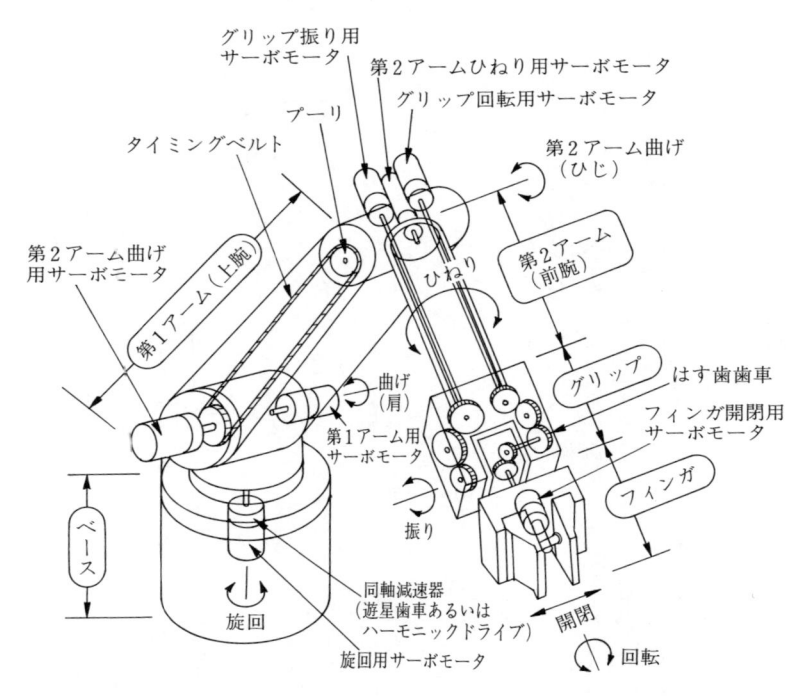

＊　ハーモニックドライブは(株)ハーモニック・ドライブ・システムの商標
　　　　　　　図 **10.16**　ロボットの機構

スタスレーブ制御方式がある．さらに，ロボットの動きを3次元的にディスプレイ上で**シミュレーション**（模擬実験）して確認したり，軌道を自動生成するオフラインプログラミングも可能になっている．

　近年は各種のセンサ情報をフィードバックして，作業環境の変化に応じてロボットの動きを調節する適応制御，あるいは作業対象の拘束条件に応じて剛性を調節する，位置と力のハイブリッド制御を取り入れた知能ロボットが開発されている．今後は，医療・福祉関連，消防・防災関連，玩具・ホビーユースなど，非製造分野でのロボットの活躍が期待される．

10.6 設計と生産の自動化

10.6.1 設計の自動化

これまで培われてきた設計開発技術や熟練工の技能をコンピュータに取り入れて，製品の設計と加工プロセスの自動化を可能にする CAD，CAM，CAE がある（図 **10.17**）。

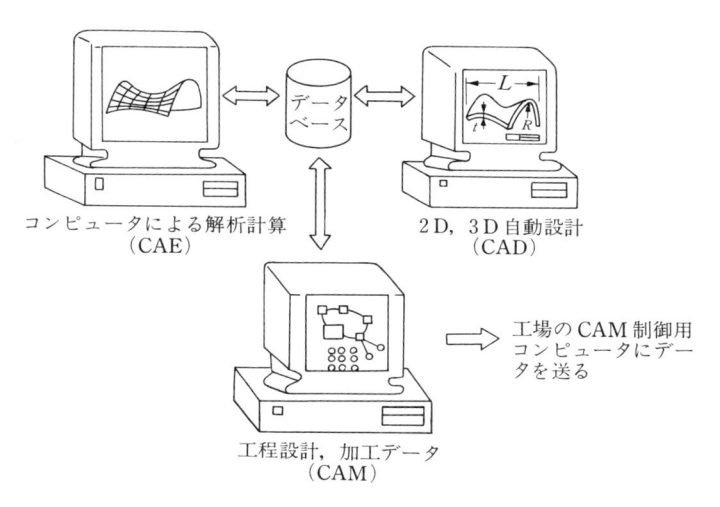

図 10.17 設計の自動化

CAD（computer aided design）とは手書き図面の作成手順をコンピュータ化したものである。具体的には，キーボード，マウスあるいは座標を読みとるディジタイザなどの入力装置を用いて図形データを入力する。入力した図面は拡大，縮小，移動が自由に行える。したがって，瞬時の設計変更にも対応できる。特に3次元 CAD モデルにはワイヤフレームモデル，サーフェスモデル，ソリッドモデルがあり，組立図を作成する際の各部品の干渉チェックなどができるようになっている。

CAM（computer aided manufacturing）は図面データをもとにして**数値制御**（**NC**：numerical control）加工機に加工データを送り，加工の自動化を行

うものである。また，加工工程や各セル間のハンドリングロボットの動きを事前にシミュレーションすることもできる。

CAE（computer aided engineering）は製品の強度，熱変形，固有値や生産技術上の問題をコンピュータを用いて解析する設計支援技術を指す。最近のCAEはブロック線図を描くことによって静的・動的設計ができ，試作品を作らなくてすむようになっている。

コーヒーブレイク

バイオセンサ

　バイオ（bio）とは「生物」を意味する。バイオセンサとは微生物や酵素，細胞などの生物が持っている認識，反応をなんらかの機械動作，電気信号に置き換えて利用しようとするものである。たとえば，多くの微生物は特定の物質に出会うと呼吸が変化する，つまり，その微生物の酸素消費量の変化を電気的信号に置き換えればよい。いま，この原理を応用したにおいセンサが研究されている。このにおいセンサを持ったロボットがいれたおいしいコーヒーをいただきたいものである。

コンカレントエンジニアリング

　コンカレント（concurrent）とは「同時に流れる」という意味で，コンカレントエンジニアリングとは平行処理型設計のことである。これまでは，構想→製品設計→工程設計→設備導入→生産→設計変更・改善のように順序だった手法（シークエンジニアリング）がとられていた。それを同時並行にやってしまおうという発想である．つまり，いましている仕事に関連した前後の情報を取り入れて設計を行う。そして，製品リードタイムの短縮，コストの削減を行うのである。そのためには，ネットワークを利用した情報伝達が必須になってくる。

ISO

　顧客が企業の製品を安心して購入できる保証があるのが望ましい。また，企業が取引先の製品に対してどの程度信頼できるのかの判断材料がほしいのが当然である。その保証を世界的に行っているのがスイスジュネーブに本部があるISO（国際標準化機構）である。製品とサービスの質が保たれている企業にISO 9000sを，所定の環境基準が保たれている企業に14000sをISOが認定した特殊機関が認証する。今後，この認定を取得していないと企業間の取引が難しくなるとともに，私たちも取得していない企業の製品は安心して買えないということになる。すると,ISOの認定のない病院はどうなるのだろうか。

このように，CAD/CAM/CAE を活用した**デザインオートメーション**によって製品開発の時間短縮が図れ，熟練技術の共有，継承が行われている。

10.6.2 生産の自動化

1960 年代には自動車産業を中心に，大量生産向けにプレス加工などの機械加工専用トランスファラインが実用化した。1970 年代に，工具を自動交換できるマシニングセンタや NC 工作機械が開発された。1980 年代には，それらの工作機械による加工セル間をロボットや無人搬送車で結ぶ **FMS**（flexible manufacturing system）と呼ばれるコンピュータ支援製造システムが登場し，中品種中量生産を可能にしている。現在ではほとんどの機械工場で FMS が採用されている。

1980 年代後半には，消費者の好みに対応して多品種適量生産を可能にする **CIM**（computer integrated manufacturing）が出現する。NC にコンピュータを内蔵した **CNC**（computerized NC）や外部コンピュータで複数の NC を直接制御する **DNC**（direct NC）が登場している。**図 10.18** は代表的な

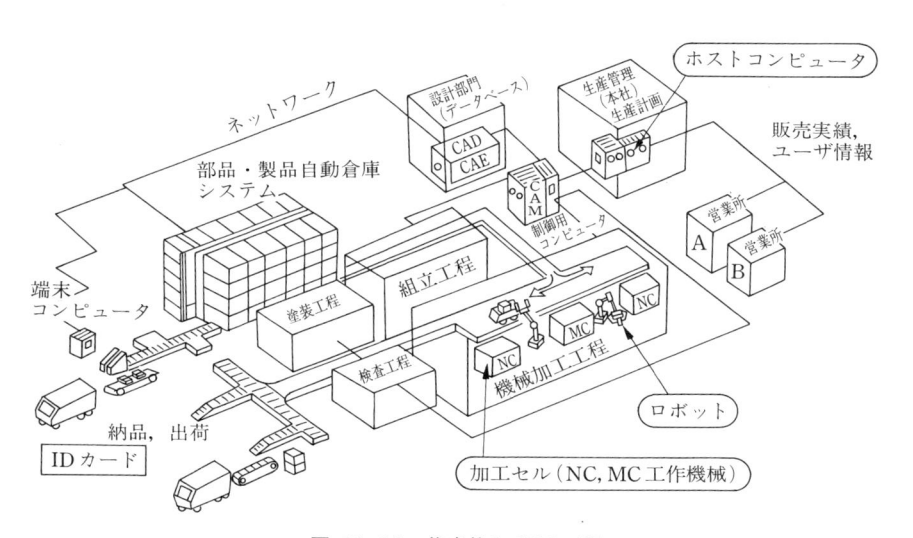

図 10.18 代表的な CIM 工場

CIM工場の構成である．設計製造の技術情報だけでなく，販売物流を含めた管理情報を **LAN**（local area network）などの通信ネットワークで結び，生産に関するすべての活動をコンピュータで統合する．したがって，技術情報にはCAD/CAM/CAEが，管理情報には通信ネットワーク規約が必須となっている．

最近の話題としては，CNCのソフト上のトラブルならエンジニアが遠隔操作で修理したり，携帯電話を利用してユーザが機械の運転状況を監視できるシステムもできている．さらに，CIMは世界中の異なるメーカーの装置，コンピュータ間で互換性を持たせるため，国際標準化機構に基づいた国際標準規格の採用を進めている．

現在，大学・国立研究所・企業間ネットワークの利用により，新製品や新技術を開発する基盤となる知識や情報の共有化が急速に進められている．

演 習 問 題

【1】 ステップ角1.8°のステッピングモータを1回転させるためには，パルスをいくつ加えなければならないか．

【2】 アナログ信号と比べたときのディジタル信号の利点はなにか．

【3】 一組の歯車をかみ合わせたとき，かみ合い歯車にはバックラッシというすき間ができる．バックラッシはロボットの精度を低下させる．このすき間を少なくするにはどのようにしたらよいか．

【4】 これまでの熟練生産技術者のノウハウをCAD/CAM/CAEに組み込むときの問題点について考えよ．

付　録

A　微分と積分

A.1　平均変化率，微分係数，導関数，微分

付図 1 に示すように，関数 $y=f(x)$ があるとき，$x=a$ から $x=b$ までの $f(x)$ の**平均変化率**（変化の割合）は

$$\frac{\Delta y}{\Delta x}=\frac{f(b)-f(a)}{b-a}=\frac{f(a+h)-f(a)}{h}$$

ここで，h をかぎりなく 0 に近づけたとき（$\lim_{h \to 0}$ と表現），平均変化率 $\Delta y/\Delta x$ が，ある決まった値に近づくならば，その極限値を，関数 $y=f(x)$ の $x=a$ における**微分係数**といい，$f'(a)$ で表す。すなわち

$$f'(a)=\lim_{h \to 0}\frac{f(a+h)-f(a)}{h}$$

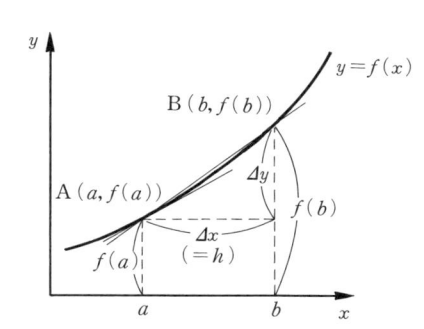

付図 1　微　分

$f'(a)$ は，この関数のグラフ上の点 A $(a,f(a))$ における**接線の傾き**に等しい。

$f'(a)$ を x のおのおのの値に対応させると，新しい関数が得られる。この関数を初めの関数 $f(x)$ の**導関数**といい，$f'(x)$，dy/dx などで表す。すなわち

$$f'(x)=\frac{dy}{dx}=\lim_{h \to 0}\frac{f(x+h)-f(x)}{h}$$

このように，$f(x)$ からその導関数 $f'(x)$ を求めることを x について**微分する**という。

おもな微分

$(C)' = 0$ (C は定数)
$(x^n)' = nx^{n-1}$ (n は正の定数)
$\{kf(x)\}' = kf'(x)$ (k は定数)
$\{f(x) + g(x)\}' = f'(x) + g'(x)$

A.2 不定積分, 定積分

導関数が $f(x)$ に等しい関数を $f(x)$ の**不定積分**といい, 記号 $\int f(x)\,dx$ で表す。$\int f(x)\,dx$ は「インテグラル $f(x)\,dx$」と読む。すなわち, もとの関数を $F(x)$ とすれば

$$F'(x) = f(x)$$

であるから

$$\int f(x)\,dx = F(x) + C \quad (C \text{ は定数})$$

この $F(x)$ を**原始関数**という。このように, $f(x)$ の不定積分を求めることを, $f(x)$ について**積分する**といい, $f(x)$ を被積分関数, x を積分変数という。すなわち, 微分と積分とはちょうど逆の関係にある。

$$F'(x) = f(x) \xrightleftharpoons[\text{微分する}]{\text{積分する}} \int f(x)\,dx = F(x) + C$$

つぎに, 関数 $f(x)$ を a から b まで積分したとき

$$\int_a^b f(x)\,dx = [F(x)]_a^b = F(b) - F(a)$$

これを $f(x)$ の a から b までの**定積分**という。**付図 2** に $f(x)$ の定積分を示す。

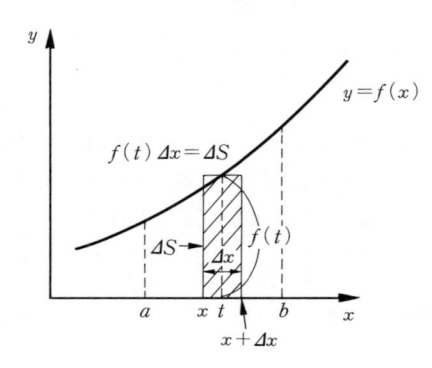

付図 2 定積分

図中の微小面積を $\varDelta S$ とすると
$$\varDelta S = f(t)\varDelta x$$
ここで, $\varDelta x \to 0$ とすれば, $t \to x$ となるから
$$S'(x) = \lim_{\varDelta x \to 0}\frac{\varDelta S}{\varDelta x} = \lim_{t \to x} f(t) = f(x)$$
すなわち, $S(x)$ は $f(x)$ の原始関数である。これより, $a \leqq x \leqq b$ の範囲で $f(x) \geqq 0$ のとき, この曲線が x 軸と囲む面積は
$$S = \int_a^b S'(x)\,dx = \int_a^b f(x)\,dx$$
となり, $f(x)$ を a から b まで定積分すればよい。

おもな不定積分

$\int kf(x)\,dx = k\int f(x)\,dx$ (k は定数)

$\int \{f(x) + g(x)\}dx = \int f(x)\,dx + \int g(x)\,dx$

$\int x^n dx = \dfrac{1}{n+1}x^{n+1} + C$ ($n \neq -1$) (C は定数)

B 指数と対数

B.1 常用対数

$P = a^q$ (ただし, $a > 0$, $a \neq 1$) のとき, $q = \log_a P$ と書き, q を **a を底とする P の対数**という。また $P\ (P > 0)$ を**真数**と呼ぶ。例えば
$$9 = 3^2 \iff \log_3 9 = 2$$
ここで, 10 を底とする対数 $\log_{10} N$ を**常用対数**といい, その数値は**常用対数表**としてまとめられている。底の 10 を省いて単に $\log N$ と表したりする。

対数の基本性質

$\log_a a = 1,\ \log_a 1 = 0$

$\log_a MN = \log_a M + \log_a N$

$\log_a \dfrac{M}{N} = \log_a M - \log_a N$

$\log_a M^P = P \log_a M$

$\log_a M = \dfrac{\log_b M}{\log_b a}$

B.2 自 然 対 数

関数 $y=(1+1/x)^x$,ただし $1+1/x>0$ を考える。定義域は $x<-1$, $x>0$ である。これをグラフ化すると**付図 3** のようになり,関数は $x\to\pm\infty$ のとき,ある一定値に収束する。

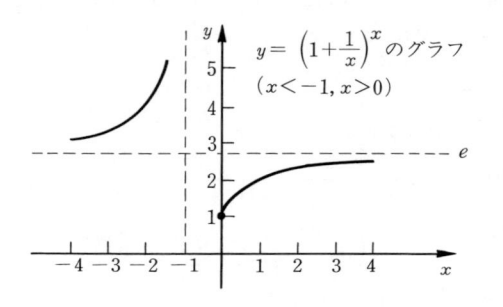

付図 3 e の値

この極限値を e で表すと

$$\lim_{x\to\pm\infty}\left(1+\frac{1}{x}\right)^x=e$$

である。e は**無理数**であり,その値はつぎのとおりである。

$$e=2.718\,281\,828\,4\cdots\cdots$$

e は工学上よく出てくる数値で,e を底とする対数 $\log_e x$ を**自然対数**という。底 e を省いて単に $\ln x$ と表したりする。

自然対数についてはつぎの公式がある。

$$(\ln x)'=\frac{1}{x} \quad \text{あるいは逆に} \quad \int\frac{1}{x}dx=\ln|x|+c$$

また,$(e^x)'=e^x$,逆に $\int e^x dx=e^x+C$ である。

参 考 文 献

1) 新エネルギー総合開発機構編：ニューエナジー，電力新報社（1983）
2) S. リリー著，小林秋男・伊藤新一訳：人類と機械の歴史，p. 102，岩波新書（1964）
3) 総合エネルギー統計，省エネルギー便覧，総合エネルギー調査会（1997）
4) Fortune, **7**, 4 (1988)
5) 燃料協会誌，**68**, 3 (1989)
6) 尾田十八，鶴崎 明，木田外明，山崎光悦：材料力学，森北出版（1988）
7) 材料力学教育研究会編：新形式 材料力学の学び方・解き方，共立出版（1994）
8) 平 修二監修：現代 材料力学，オーム社（1970）
9) 浅沼 強：流れの可視化ハンドブック，朝倉書店（1977）
10) 日本機械学会編：機械工学 SI マニュアル，日本機械学会（1980）
11) 小野 周：表面張力，共立出版（1981）
12) 生井武文，井上雅弘：粘性流体の力学，理工学社（1981）
13) リープマン，ロシュコ：気体力学，吉岡書店（1966）
14) 岡 小天：レオロジー入門，工業調査会（1980）
15) 日本流体力学会編：流体力学ハンドブック，丸善（1987）
16) 谷 一郎：流体力学の進歩 境界層，丸善（1985）
17) H. Schlichting：Boundary-Layer Theory, McGraw-Hill（1979）
18) 本田仁，春日屋信昌：次元解析，最小 2 乗法と実験式，コロナ社（1970）
19) 江守一郎，D. J. シューリング：模型実験の理論と応用，技報堂出版（1981）
20) 谷 一郎：流れ学，岩波書店（1981）
21) 島 章，小林陵二：大学講義 水力学，丸善（1999）
22) 富田幸雄：流体力学序説，養賢堂（1981）
23) 丸茂榮佑，木本恭司：工業熱力学，コロナ社（2001）
24) 谷下市松：工学基礎熱力学，裳華房（1985）
25) 佐藤 俊，国友 孟：熱力学，丸善（1984）
26) 北条勝彦：わかる工業熱力学，槙書店（1996）
27) 沢田照夫：新編熱力学，森北出版（1996）

28) 岐美　格，奥野純平，牧野州秀：工業熱力学，森北出版（1999）
29) 伊藤猛宏，山下宏幸：工業熱力学，コロナ社（1998）
30) 井田幸次郎：やさしい熱力学，東京図書（1968）
31) 都筑卓司：マックスウェルの悪魔，講談社（1970）
32) R. E. Sonntag and G. J. Van Wylen：Introduction to THERMODYNAMICS, John Wiley & Sons（1991）
33) 矢島悦次郎，市川理衛，古沢浩一：若い技術者のための機械・金属材料 増補版，丸善（1997）
34) 青木顕一郎，堀内　良：基礎機械材料，朝倉書店（1998）
35) 日本金属学会編：改定3版 金属データブック，丸善（1996）
36) 大石不二夫：高分子材料の活用技術，日刊工業新聞社（1979）
37) 日本学術振興会第127委員会編：先進セラミックス―基礎と応用―，日刊工業新聞社（1994）
38) 最新複合材料技術総覧編集委員会編：―構造・プロセシング・評価―最新複合材料技術総覧，産業技術サービスセンター（1990）
39) 久保井徳洋，樫原恵蔵：機械系教科書シリーズ6 材料学，コロナ社（2000）
40) 三田純義，朝比奈圭一，黒田孝春，山口健二：機械系教科書シリーズ4 機械設計法，コロナ社（2000）
41) 朝比奈圭一，三田純義：具体例で学ぶ機械のしくみ，日本技能教育開発センター（2000）
42) 米山　猛：機械設計の基礎知識，日刊工業新聞社（1998）
43) 林　洋次ほか：基礎シリーズ 機械要素概論1・2，実教出版（1998）
44) 川北和明：朝倉機械工学講座11 機械要素設計，朝倉書店（1997）
45) テキストforビギナー"超よくわかる"機械設計入門，機械設計，41，5（1997）
46) 伊藤　茂：メカニズムの事典，理工学社（1988）
47) 稲見辰夫：機械のしくみ，日本実業出版社（1997）
48) 技能士の友編集部編：技能ブックス(1) 測定のテクニック，技能ブックス(13) 歯車のハタラキ，技能ブックス(17) 機械要素のハンドブック，大河出版（1975）
49) 中里為成：歯車のおはなし，日本規格協会（1997）
50) 酒井高男：ブルーバックス おもちゃの科学，講談社（1981）
51) 平井三友，和田任弘，塚本晃久：機械工作法，コロナ社（2000）
52) 和栗明ほか：要訣 機械工作法，養賢堂（1984）

53) 機械製作法研究会編：最新 機械製作，養賢堂（1974）
54) 機械工作学編集委員会編：新編 機械工作学，産業図書（1995）
55) 狩野連男：はじめて自動制御を学ぶ人のために，オーム社（2000）
56) 黒須　茂：制御工学入門，パワー社（1995）
57) 森　政弘，小川鑛一：初めて学ぶ基礎制御工学，東京電機大学出版局（2000）
58) 土谷武士，江上　正：基礎システム制御工学，森北出版（2001）
59) 三浦宏文監修：ハンディブック メカトロニクス，オーム社（1996）
60) 新電気編集部編：初めて学ぶ・電子制御入門，オーム社（1998）
61) 西堀賢司：メカトロニクスのための電子回路基礎，コロナ社（1996）
62) オーム社編：電子学入門早わかり（改訂3版），オーム社（1996）
63) 國岡昭夫：おもしろセンサ，コロナ社（1989）

演習問題解答

2章

【1】 解図 2.1 のように二つの力の合力を求め，その合力ともう一つの力の合力を求める。

【2】 解図 2.2 のように 10 kN の力を対角線とする平行四辺形（この場合，長方形）を書く。x 軸方向の成分は 8.7 kN，y 軸方向の成分は 5 kN である。

解図 2.1

解図 2.2

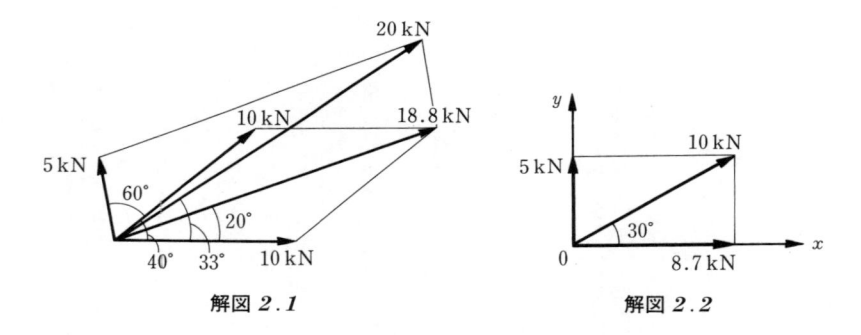

【3】 点 O まわりのモーメントは
$$5 \times 0.2 - 8 \times 0.4 = -2.2 \text{ kN·m}$$
モーメントが負であるので，時計回りに回転する。

【4】 $\dfrac{20}{4} = 5 \text{ m/s}$

$5 \times 3.6 = 18 \text{ km/h}$

【5】 角速度は
$$30 \times 2 \times \dfrac{\pi}{60} = 3.14 \text{ rad/s}$$
接線方向速度は，式 (2.7) から
$$0.8 \times 3.14 = 2.51 \text{ m/s}$$
遠心力は，式 (2.8) から
$$2 \times 0.8 \times (3.14)^2 = 15.8 \text{ N}$$

【6】 解図 2.3 に示すように，この物体に重力

$4 \times 9.81 = 39.2\,\mathrm{N}$

が作用する。物体はこれと同じ力で床から反力を受けるから，垂直抗力は $39.2\,\mathrm{N}$ である。摩擦力は式(*2.11*)から

$0.1 \times 39.2 = 3.92\,\mathrm{N}$

である。したがって，式(*2.3*)から

$4 \times (\text{物体に生じる加速度}) = 10 - 3.92$

物体に生じる加速度は

$$\frac{10 - 3.92}{4} = 1.52\,\mathrm{m/s^2}$$

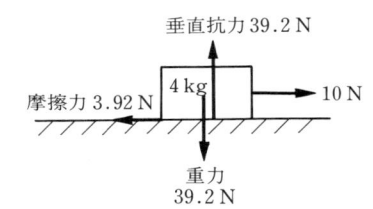

解図 *2.3*

3 章

【1】 $\sigma = \dfrac{P}{A} = \dfrac{100}{3.14 \times 0.02^2/4} \fallingdotseq 318\,000\,\mathrm{N/m^2} = 318\,\mathrm{kPa}$

【2】 $\tau = \dfrac{V}{A} = \dfrac{50}{3.14 \times 0.01^2/4} \fallingdotseq 637\,000\,\mathrm{N/m^2} = 637\,\mathrm{kPa}$

【3】 $\varepsilon = \dfrac{\lambda}{l},\ \sigma = \dfrac{P}{A},\ E = \dfrac{\sigma}{\varepsilon}$ より

$\lambda = \dfrac{Pl}{AE} = \dfrac{5\,000 \times 3}{3.14 \times 0.02^2/4 \times 206 \times 10^9}$

$\fallingdotseq 0.232 \times 10^{-3}\,\mathrm{m} = 0.232\,\mathrm{mm}$

【4】 $M = P \times l = 10 \times 0.3 = 3$

$Z = \dfrac{\pi d^3}{32} = \dfrac{3.14 \times 0.02^3}{32} = 0.785 \times 10^{-6}$

$\sigma = \dfrac{M}{Z} = \dfrac{3}{0.785 \times 10^{-6}} \fallingdotseq 3.82 \times 10^6\,\mathrm{N/m^2} = 3.82\,\mathrm{MPa}$

4 章

【1】 ある物質の密度と 4°C の水の密度の比を比重（specific gravity）という。比重

は密度に対する密度の比であるから，単位を持たない無次元数である。

【2】 $[\rho]=$kg/m³，$[g]=$m/s²，$[h]=$m である。式(4.4)より
$$[p]=\frac{\text{kg}}{\text{m}^3}\frac{\text{m}}{\text{s}^2}\text{m}=\frac{\text{kg}}{\text{m}\cdot\text{s}^2}=\frac{\text{N}}{\text{m}^2}=\text{Pa}$$

【3】 ストローに口をつけて吸ったときのストロー内の圧力を p とする。グラス内の液面には大気圧が作用している。このジュースの液面と同じ高さのストロー内の圧力が大気圧に等しくなるためには，以下に示す高さ h のジュースの液柱が必要になる。**解図4.1** より
$$p_a=p+\rho gh \quad \therefore \quad h=\frac{p_a-p}{\rho g}$$

上式より p_a-p の値が大きいほど，すなわち強く吸うほど h は大きくなる。h がグラス内の液面から口までの高さより大きくなれば，ジュースは口の中に入ってくる。$h>0$ であるための条件は，$p<p_a$ である。吸うことによってこの条件を作り上げているといえる。大気圧が作用しなくなればこの条件を満たすことができなくなり，ジュースを吸い上げることができない。

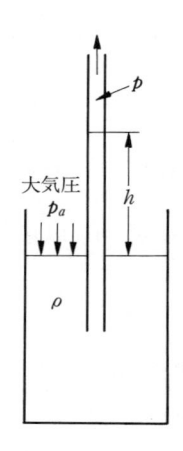

解図4.1

【4】 式(4.4)より
$$p=1\,000\times9.806\,65\times10=9.806\,65\times10^4\,\text{Pa}=98.06\,65\,\text{kPa}$$

【5】 管断面積の変化，管路の曲がり・分岐・合流，管路に挿入された弁やコック類などが挙げられる。

5章

【1】 $Q=mc(t_2-t_1)$

$= 2\,\text{kg} \times 4.187\,\text{kJ/(kg·K)} \times (100-15) = 712\,\text{kJ}$

【2】 $L_a = p_1(V_2 - V_1) = 0.6\,\text{MPa} \times (0.8 - 0.2)\,\text{m}^3$
$= 0.36\,\text{MJ}$

【3】 $Q_{12} = U_2 - U_1 + L_a$ において，$Q_{12} = 80\,\text{kJ}$，$L_a = 60\,\text{kN·m} = 60\,\text{kJ}$ として
$U_2 - U_1 = Q_{12} - L_a = 80\,\text{kJ} - 60\,\text{kJ} = 20\,\text{kJ}$
$u_2 - u_1 = \dfrac{U_2 - U_1}{m} = \dfrac{20}{2} = 10\,\text{kJ/kg}$

【4】 $Q_{12} = H_2 - H_1 + L_t$ において，$Q_{12} = -180\,\text{kJ/min} = -3\,\text{kJ/s}$，$L_t = -12\,\text{PS} = -8.83\,\text{kJ/s}$ だから
$H_2 - H_1 = Q_{12} - L_t = -3\,\text{kJ/s} - (-8.83)\,\text{kJ/s}$
$= 5.83\,\text{kJ/s}$
ここで $m = 3\,\text{kg/min} = 0.05\,\text{kg/s}$ だから
$h_2 - h_1 = \dfrac{H_2 - H_1}{m} = \dfrac{5.83}{0.05} = 117\,\text{kJ/kg}$

【5】 $S_2 - S_1 = \dfrac{Q}{T} = \dfrac{550\,\text{kJ}}{(273+50)\,\text{K}}$
$= 1.70\,\text{kJ/K}$
$s_2 - s_1 = \dfrac{S_2 - S_1}{m} = \dfrac{1.70}{2} = 0.85\,\text{kJ/(kg·K)}$

【6】 高温熱源のエントロピー減少は，$800\,\text{kJ}/(273+1\,000)\,\text{K} = 0.628\,\text{kJ/K}$，水のエントロピー増加は，$800\,\text{kJ}/(273+100)\,\text{K} = 2.14\,\text{kJ/K}$ であるから，全体としてのエントロピー増加は，$2.14 - 0.628 = 1.51\,\text{kJ/K}$ である。

【7】 $dU = mc_v dT$，$dH = mc_p dT$ より
$U_2 - U_1 = mc_v(T_2 - T_1)$，$H_2 - H_1 = mc_p(T_2 - T_1)$
ここで $c_v = R/(\kappa - 1)$，$c_p = \kappa c_v$ であるから
$U_2 - U_1 = \dfrac{mR(T_2 - T_1)}{\kappa - 1}$
$= \dfrac{2\,\text{kg} \times 0.287\,\text{kJ/(kg·K)} \times (300-20)\,\text{K}}{1.4 - 1}$
$= 402\,\text{kJ}$
$H_2 - H_1 = \kappa(U_2 - U_1) = 1.4 \times 402 = 563\,\text{kJ}$

【8】 等温変化だから
$Q_{12} = L_a = L_t = mRT_1 \ln \dfrac{V_2}{V_1} = p_1 V_1 \ln \dfrac{V_2}{V_1}$
$= 0.6\,\text{MPa} \times 0.2\,\text{m}^3 \ln 2 = 0.083\,2\,\text{MJ}$
$= 83.2\,\text{kJ}$

【9】 $V=$ 一定で $pV=mRT$ より，$T/p=$ 一定 である。

$$p_2 = p_1 \frac{T_2}{T_1} = (800+101.3) \times \frac{273+70}{273+15}$$

$$= 1\,073 \text{ kPa}$$

ゲージ圧では $1\,073 - 101 = 972$ kPa となる。

つぎに $Q_{12} = mc_v(T_1 - T_2)$ より

$$Q_{21} = \frac{mR(T_1 - T_2)}{\kappa - 1} = \frac{p_1 V_1 - p_2 V_2}{\kappa - 1}$$

$$= \frac{V_1(p_1 - p_2)}{\kappa - 1} = \frac{0.8 \text{ m}^3 \times (901 - 1\,073) \text{ kPa}}{1.4 - 1}$$

$$= -344 \text{ kJ}$$

【10】 $T_1 V_1^{\kappa-1} = T_2 V_2^{\kappa-1}$ より

$$T_2 = T_1 \left(\frac{V_1}{V_2}\right)^{\kappa-1} = (273+15) \times 3^{1.4-1}$$

$$= 447 \text{ K}$$

$t_2 = 447 - 273 = 174$ °C

【11】 $\eta = 1 - \dfrac{T_L}{T_H} = 1 - \dfrac{273+20}{273+1\,000}$

$\quad = 0.770$

【12】 $\eta = 1 - \dfrac{1}{\varepsilon^{\kappa-1}} = 1 - \dfrac{1}{6^{1.4-1}}$

$\quad = 0.512$

8 章

【1】 鉄の融点は 1 538°C で，銅は 1 084°C で，アルミニウムは 660°C である。

【2】 ものにはいろいろな作り方があるが，ここでは一般的な方法を解説する。

（1） 線状の軟鋼材のさびを落とした後，金型で細く引き伸ばし，所定の太さにする。線材をダイではさんでからパンチでたたき，くぎの頭を作る。続けてカッタで切ることにより先を作る。

（2） プレスでステンレス板から必要な大きさを打ち抜き，ローラで先端を薄く押しつぶす。金型で柄の部分を成型し，スプーンの先の形を打ち抜く。さらに金型で凹面をプレスして作る。

（3） プラスチックの部品のほとんどは射出成形で作られる。インクの入る管だけが押出し成形で作られる。その他の金属部分は材料を金型でプレスして形作ってから切削加工で仕上げられる。

（4） 押出成形で薄い板材が作られる。その板を適当な大きさに切断し，熱成

9章

【1】 給水パイプのバルブがタンク中の浮子につながっており，タンク中の水位が減ると浮子が下がり，バルブが開いて給水され，逆にいっぱいになると浮子が上がってバルブが閉まる。

【2】 検出……テスト問題，比較……採点
　　　判断……点数をどう考えるか（教師，学生とも）
　　　操作……理解していない部分を再度勉強する（学生）
　　　　　　　理解されていない部分の教え方を工夫する（教師）

【3】 解図 9.1 参照。

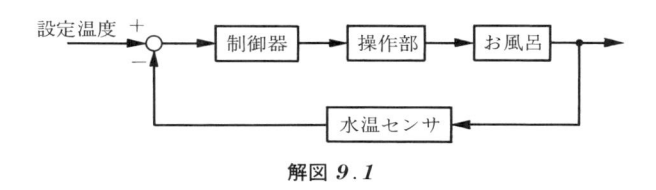

解図 9.1

【4】 CD の原理から調べてみよう，多くの最新技術が詰まっているのに驚くことであろう。
　（1） トラッキングサーボシステムは，CD が回転しているとき，記憶されたピットから外れないよう 3 本の光がピット面に当てられ，その反射光の強さを検出し，トラッキングミラーを回転させて制御している。
　（2） フォーカスサーボシステムは，ピット読取りレーザ光と記憶されたピット面との距離を一定にするため，レーザ光の CD 面からの反射光を検出し，対物レンズを上下に移動して制御している。

10章

【1】 $360 \div 1.8 = 200$

【2】 コンピュータによる制御が可能となる。したがって，プログラムを変えることによって機械を容易に制御することができる。また，ノイズに対しても特別な回路を組まなくても除去できる利点がある。

【3】 静的な方法と動的な方法がある。静的な方法としては，歯車の軸間距離を平行移動する，はすば歯車などのねじれのある歯車を使うなどの方法がある。動的

な方法としては，ばねを用いて二つの歯車を強制的に押しつけてすき間を少なくすることが考えられる。

【4】 経験とか勘といったノウハウではなく，高度の熟練生産技術も理論に基づくものと考えて，製品や製作にかかわる重要な情報を蓄積する。さらに，その情報を標準化されたデータベースに置き換えると，コンピュータで扱うことが可能となりCAD/CAM/CAEに組み込むことができる。これは大きな研究課題でもある。

索　引

【あ】

亜鉛ダイキャスト合金	110
アクチュエータ	182
アーク溶接	150
圧　延	147
圧縮応力	36
圧縮加工	149
圧縮水	91
圧縮性	52
圧縮比	95
圧電セラミックス	190
圧　力	51, 76
圧力計	76
圧力抗力	68
圧力の重力単位	14
穴あけ	155
穴抜き	148
アナログ	191
アプセット溶接	152
アルキメデスの原理	56
アルミナ	115
アルミニウムダイキャスト用合金	110
安定化ジルコニア	116

【い】

硫黄酸化物	10
鋳　型	2, 145
位　相	176
一様流	58
一般ガス定数	87
イナートガスアーク溶接	151
イメージセンサ	190

インテリジェントセンサ	190
インベストメント法	145

【う】

打抜き	148
運動量	24

【え】

エネルギー	1
エネルギー消費	9
エネルギー保存則	81
縁きり	148
エンジニアリングセラミックス	114
エンジニアリングプラスチック	111
遠心鋳造法	146
エンタルピー	83
円筒研削	159
円筒座標型	194
円板カム	133
エンボス	149

【お】

黄　銅	107
往復スライダクランク機構	136
応　力	36
応力集中	46
応力腐食割れ	104
押出成形	162
押出ブロー成形	163
オゾン破壊指数	12
オットーサイクル	94

温室効果	11
温　度	73
温度調節器	169

【か】

快削鋼鋼材	102
外　力	34
可逆変化	84
華氏温度目盛	73
荷　重	34
ガス定数	87
ガス溶接	152
加速度	22
形削り盤	158
型鍛造	147
金　型	162
過熱蒸気	91
カム	133
加　硫	112
カルノーサイクル	93
乾き度	91
乾き飽和蒸気	91
環　境	81
環境汚染物質	9
慣性モーメント	27
完全ガスの状態式	87

【き】

気圧計	77
機　械	1
機械設計	141
機械要素	121
機関仕事	80
球状黒鉛鋳鉄	105
境界層	69

索　引

境界面	80	降伏点	40	周波数応答	175
強度	141	高分子	111	周波数特性	176
共役せん断応力	37	抗力	68	重力加速度	13, 22
極限強さ	40	抗力係数	68	重力単位系	13
極座標型	194	黒鉛	105	出力	171
きり	156	国際標準化機構	142	手動制御	167
切欠き	148	黒心可鍛鋳鉄	106	ジュール	14, 80
切りくず	155	小ねじ	130	準静的過程	84
		コンロッド	135	蒸気機関	7

【く】

		【さ】		蒸気原動所	95
				蒸気プラント	95
組立図	140	サイアロン	116	焼結	114
クラッチ	124, 137	座屈	48	状態量	81
クラッド材	118	作動流体	81	情報技術	181
クランク	135	サブマージアーク溶接	151	正面削り	155
クリープ	47, 104	サーミスタ	188	シリアル方式	192
		産業革命	3	シリカ	114
【け】		酸性雨	10	シリンダ	5
				ジルコニア	116
系	81	**【し】**		シルミン	110
計画図	140				
形状抗力	68	シェルモールド法	145	真応力	41
計測	167	時間的遅れ	171	真空圧	76, 77
ゲイン	176	軸	124	真空計	76
ゲージ圧	76, 77	軸受	124	心なし研削	159
結晶化ガラス	115	軸継手	124	振幅	175
研削加工	158	シーケンス制御	186		
検出器	170	時効硬化	107	**【す】**	
原動機	4	仕事	5, 77	水力学	50
顕熱	75	自己焼なまし	109	数値制御	197
		質量効果	101	ステッピングモータ	183
【こ】		質量流量	59	ステップ応答	174
高温耐酸化性	104	自動制御	167	ステップ入力	174
工業気圧	76	絞り加工	149	ステンレス鋼	103
工業仕事	80	シミュレーション	196	スプリングバック	108
合金工具鋼	103	シーミング	149	スポット溶接	152
公称応力	41	シーム溶接	152	スマートセンサ	190
剛性	141	湿り蒸気	91		
剛性率	40	射出成形	161	**【せ】**	
高速度工具鋼	103	射出ブロー成形	163	制御	166
高炭素クロム軸受鋼鋼材	102	シャーリング	148	制御対象	170
高張力鋼	101	周囲	81	制御量	170
降伏	40	自由鍛造	147	青銅	107
降伏応力	40	周波数	175	精密加工	160

析出硬化	103	
切削加工	155	
切削工具	155	
摂氏温度目盛	73	
絶対圧	76, 77	
絶対温度	73	
絶対仕事	78	
ゼーベック効果	188	
全圧力	54	
繊維強化セラミックス	119	
繊維強化プラスチック	117	
センサ	188	
せん断応力	37	
せん断加工	148	
せん断弾性係数	40	
せん断ひずみ	39	
潜熱	75	
旋盤	155	
線膨張係数	42	

【そ】

操作器	170
相変化	75
層流	66
速度	21
速度伝達比	126
塑性	40
外丸削り	155

【た】

ダイ	149
第一種の永久機関	84
ダイオキシン	10
ダイカスト	145
大気圧	76, 77
ダイキャスト	109
耐久限度	47
ダイス用工具鋼	103
体積流量	60
第二種の永久機関	84
耐熱鋼	103
多関節型	194
ダクタイル鋳鉄	105

タコジェネレータ	190
タッピングねじ	130
縦弾性係数	40
縦ひずみ	38
ダルシー・ワイスバッハの式	64
炭化けい素	116
炭酸ガスアーク溶接	151
弾性	39
弾性限度	39
弾性体材料	112
鍛造	147
鍛造型	147
鍛造用工具鋼	103
炭素工具鋼	103
ダンパ	137
断面係数	45

【ち】

チェーン	124
力のモーメント	20
地球温暖化指数	11
地球環境保全	9
地球環境問題	9
窒化けい素	116
窒素酸化物	10
鋳鋼品	106
鋳造	145
鋳造法	2
超仕上げ	160
超ジュラルミン	108
調節器	170
超々ジュラルミン	108
直交座標型	194

【つ】

疲れ	47

【て】

定圧比熱	75
ディジタル	191
定常流	58

ティーチングプレイバック制御方式	195
定容比熱	75
てこ	135
てこクランク機構	135
デザインオートメーション	199
電気抵抗線	188
電子ビーム加工	161
電磁誘導の原理	183
電磁リレー	186
伝達関数	172, 173
テンパーカーボン	106
点溶接	152

【と】

砥石	158
道具	1
動粘性係数	65
動力	4, 77
特殊加工	160
閉じた系	81
突合せ溶接	152
突起溶接	152
突切り	155
止めねじ	130
止め輪	129
トラス	138
トリチェリの定理	63
トリミング	148
ドリル	156

【な】

内部エネルギー	81
内面研削	159
内力	35
中ぐり	155
中ぐり盤	157
ナット	130

【に】

二酸化炭素	10
日本産業規格	142

218　索　　　　　引

入出力装置	184
入　力	171
ニューコメン	5
ニュートン	3, 13
──の粘性法則	65
ニュートン流体	65

【ぬ】

縫合せ溶接	152

【ね】

ね　じ	129
ねじ切り	155
ねじり応力	45
ねずみ鋳鉄	105
熱応力	41
熱可塑性エラストマー	113
熱可塑性樹脂	111
熱可塑性プラスチック	161
熱間圧延	147
熱間鍛造	147
熱機関	3
ネッキング	149
熱　源	75
熱硬化性樹脂	111
熱硬化性プラスチック	162
熱効率	94
熱処理	101, 153
熱成形	164
熱電対	188
熱の仕事当量	80
熱容量	75
熱力学第一基礎式	82
熱力学第一法則	80
──の式	82
熱力学第二基礎式	83
熱力学第二法則	84
粘　性	52
粘性係数	65

【の】

ノッチング	148

【は】

ハイス	103
ハイテン鋼	101
バイメタル	169
白　銑	106
はく離	70
歯　車	124
パスカル	14, 76
パーティング	148
ば　ね	137
ばね鋼鋼材	102
ハーモニックドライブ	194
パーライト可鍛鋳鉄	106
パラレル方式	192
は　り	43
馬　力	4
バーリング	148
パンチ	149

【ひ】

非圧縮性流体	53
ピアッシング	148
比エンタルピー	83
比エントロピー	85
ピストン	5
比体積	78
ビット	184
引張応力	36
引張試験	40
引張強さ	40
非定常流	58
ビーディング	148
比内部エネルギー	81
非ニュートン流体	65
比　熱	74
非熱処理型合金	108
比熱比	88
火花突合せ溶接	153
被覆アーク溶接	151
標準大気圧	76
表面張力	52
開いた系	81

平削り盤	157
比例限度	40
比例要素	171
疲　労	47
疲労限度	47
疲労破壊	47
ピン	129

【ふ】

ファスナ	129
フィードバック	167
フィードバック制御	187
不可逆変化	84
フックの法則	40
部品組立図	140
部品図	140
部分安定化ジルコニア	116
フライス工具	157
フライス盤	157
プラスチック	161
フラッシュ溶接	153
ブランキング	148
浮　力	56
ブレーキ	137
プレス加工	148
フレーム	137
プロジェクション溶接	152
ブロー成形	163
ブロック線図	168
フロン	12
分　断	148

【へ】

平均比熱	74
平行運動機構	136
平面カム	133
平面研削	158
ベクトル軌跡	176
ベース	138
ペースト成形	163
ヘッド	54
ヘルツ	15
ベルト	124

ベルヌーイの定理	61	【め】		力　積	24	
ヘロン	2			理想流体	52	
変換器	170	メカトロニクス	180, 181	立体カム	133	
ベンチュリ管	61	メモリ	184	粒界腐食	104	
【ほ】		【も】		流　管	58	
				粒子分散強化合金	118	
ポアソン比	38	木ねじ	130	粒子分散強化セラミックス		
ボイラ	5	目標値	170		119	
砲　金	109	模　型	145	流　線	58	
膨張仕事	78	モジュール	125	流　体	50	
放電加工	161	モーメント	43	流体工学	50	
飽和温度	91	【や】		流体抵抗	68	
飽和水	91			流体の力学	50	
母　材	117	焼入れ	154	流体力学	50	
ポテンショメータ	190	焼なまし	153	流量係数	63	
ホトインタラプタ	189	焼ならし	153	臨界点	92	
ボード線図	176	焼戻し	154	臨界レイノルズ数	67	
ホトリフレクタ	189	ヤング率	40	リンク機構	133	
ホーニング	160	【ゆ】		【る】		
ホブ盤	158					
ポリトロープ指数	90	遊星歯車	194	ループ	167	
ポリマーアロイ	111	【よ】		【れ】		
ボルト	130					
ボール盤	155	溶　接	150	冷間圧延	147	
ポンチ絵	140	横荷重	43	冷間加工硬化	107	
ポンプ	5	横弾性係数	40	冷間鍛造	147	
【ま】		横ひずみ	38	レイノルズ応力	67	
		【ら】		レイノルズ数	66	
マイクロプロセッサ	184			レゾルバ	190	
マグネシウムダイキャスト		ラウタル	110	連続鋳造法	146	
用合金	110	ラッピング	160	連続の式	59	
曲げ応力	44	ラプラス変換	172	【ろ】		
摩擦抗力	68	ランキンサイクル	95			
摩擦力	29	ランプ応答	174	ローエックス	110	
マスタスレーブ制御方式		ランプ入力	174	ロータリエンコーダ	190	
	195	乱　流	66	【わ】		
【み】		【り】				
				ワット	5, 14	
密　度	79	力　学	3	割込み処理	193	

索引

【A】
AC モータ	183
A–D	192
ADC	110

【C】
CAD	140
CAD	197
CAE	198
CAM	197
CCD	190
CCW	183
CIM	199
CNC	199
CPU	184
CW	183

【D】
D–A	192
DC モータ	183
DNC	199

【F】
FMS	199
FRM	117
FRP	117

【G】
GPIB	192
GWP	11

【I】
ISO	200

【L】
LAN	200
lo-ex	110

【M】
MDC	110

【N】
NC	197

【O】
ODP	12
OS	186

【P】
PH	10
PLC	187

【R】
RAM	185
ROM	185

【S】
SI 単位系	13
SK	103
SKD	103
SKH	103
SKS	103
SKT	103
SM	101
SMA	101
SPC	101
SPH	101
SS	100
SUH	103
SUJ	103
SUM	102
SUP	102
SUS	103

【T】
TIG	109
TPE	113

【Y】
Y 合金	110

【Z】
ZDC	110

―― 編著者略歴 ――

1965 年　神戸大学工学部機械工学科卒業
1965 年　神戸大学助手
1968 年　大阪府立工業高等専門学校講師
1972 年　大阪府立工業高等専門学校助教授
1978 年　工学博士（京都大学）
1984 年　大阪府立工業高等専門学校教授
2006 年　大阪府立工業高等専門学校名誉教授

機械工学概論
Introduction to Mechanical Engineering

© Kyoji Kimoto 2002

2002 年 9 月 20 日　初版第 1 刷発行
2021 年 12 月 15 日　初版第 14 刷発行

検印省略	編著者	木　本　恭　司 (きもと きょうじ)
	発行者	株式会社　コロナ社
		代表者　牛来真也
	印刷所	新日本印刷株式会社
	製本所	有限会社　愛千製本所

112-0011　東京都文京区千石 4-46-10
発 行 所　株式会社　コロナ社
CORONA PUBLISHING CO., LTD.
Tokyo Japan

振替 00140-8-14844・電話 (03) 3941-3131 (代)
ホームページ　https://www.coronasha.co.jp

ISBN 978-4-339-04451-5　C3353　Printed in Japan　　　　（金）

〈出版者著作権管理機構　委託出版物〉
本書の無断複製は著作権法上での例外を除き禁じられています。複製される場合は，そのつど事前に，出版者著作権管理機構（電話 03-5244-5088，FAX 03-5244-5089，e-mail: info@jcopy.or.jp）の許諾を得てください。

本書のコピー，スキャン，デジタル化等の無断複製・転載は著作権法上での例外を除き禁じられています。購入者以外の第三者による本書の電子データ化及び電子書籍化は，いかなる場合も認めていません。
落丁・乱丁はお取替えいたします。

システム制御工学シリーズ

(各巻A5判，欠番は品切です)

■編集委員長　池田雅夫
■編集委員　足立修一・梶原宏之・杉江俊治・藤田政之

配本順		タイトル	著者	頁	本体
2.	(1回)	信号とダイナミカルシステム	足立修一著	216	2800円
3.	(3回)	フィードバック制御入門	杉江俊治・藤田政之共著	236	3000円
4.	(6回)	線形システム制御入門	梶原宏之著	200	2500円
6.	(17回)	システム制御工学演習	杉江俊治・梶原宏之共著	272	3400円
8.	(23回)	システム制御のための数学(2) ―関数解析編―	太田快人著	288	3900円
9.	(12回)	多変数システム制御	池田雅夫・藤崎泰正共著	188	2400円
10.	(22回)	適応制御	宮里義彦著	248	3400円
11.	(21回)	実践ロバスト制御	平田光男著	228	3100円
12.	(8回)	システム制御のための安定論	井村順一著	250	3200円
13.	(5回)	スペースクラフトの制御	木田隆著	192	2400円
14.	(9回)	プロセス制御システム	大嶋正裕著	206	2600円
15.	(10回)	状態推定の理論	内山健一・田中健雄共著	176	2200円
16.	(11回)	むだ時間・分布定数系の制御	阿部直人・児島晃共著	204	2600円
17.	(13回)	システム動力学と振動制御	野波健蔵著	208	2800円
18.	(14回)	非線形最適制御入門	大塚敏之著	232	3000円
19.	(15回)	線形システム解析	汐月哲夫著	240	3000円
20.	(16回)	ハイブリッドシステムの制御	井村順一・東俊一・増淵泉共著	238	3000円
21.	(18回)	システム制御のための最適化理論	延山英沢・瀬部昇共著	272	3400円
22.	(19回)	マルチエージェントシステムの制御	東俊一・永原正章編著	232	3000円
23.	(20回)	行列不等式アプローチによる制御系設計	小原敦美著	264	3500円

定価は本体価格+税です。
定価は変更されることがありますのでご了承下さい。

図書目録進呈◆

メカトロニクス教科書シリーズ

(各巻A5判，欠番は品切です)

■編集委員長　安田仁彦
■編集委員　末松良一・妹尾允史・高木章二
　　　　　　藤本英雄・武藤高義

配本順			頁	本体
1.（18回）	新版 メカトロニクスのための 電子回路基礎	西堀賢司 著	220	3000円
2.（3回）	メカトロニクスのための 制御工学	高木章二 著	252	3000円
3.（13回）	アクチュエータの駆動と制御（増補）	武藤高義 著	200	2400円
4.（2回）	センシング工学	新美智秀 著	180	2200円
6.（5回）	コンピュータ統合生産システム	藤本英雄 著	228	2800円
7.（16回）	材料デバイス工学	妹尾允史・伊藤智徳 共著	196	2800円
8.（6回）	ロボット工学	遠山茂樹 著	168	2400円
9.（17回）	画像処理工学（改訂版）	末松良一・山田宏尚 共著	238	3000円
10.（9回）	超精密加工学	丸井悦男 著	230	3000円
11.（8回）	計測と信号処理	鳥居孝夫 著	186	2300円
13.（14回）	光工学	羽根一博 著	218	2900円
14.（10回）	動的システム論	鈴木正之 他著	208	2700円
15.（15回）	メカトロニクスのための トライボロジー入門	田中勝之・川久保洋二 共著	240	3000円

定価は本体価格+税です。
定価は変更されることがありますのでご了承下さい。

図書目録進呈◆

ロボティクスシリーズ

（各巻A5判，欠番は品切です）

- ■編集委員長　有本　卓
- ■幹　　　事　川村貞夫
- ■編集委員　石井　明・手嶋教之・渡部　透

配本順		タイトル	著者	頁	本体
1.	(5回)	ロボティクス概論	有本　卓編著	176	2300円
2.	(13回)	電気電子回路 ―アナログ・ディジタル回路―	杉山　進／田中克彦／小西　聡 共著	192	2400円
3.	(17回)	メカトロニクス計測の基礎（改訂版）―新SI対応―	石井　明／木股雅章／金子　透 共著	160	2200円
4.	(6回)	信号処理論	牧川方昭著	142	1900円
5.	(11回)	応用センサ工学	川村貞夫編著	150	2000円
6.	(4回)	知能科学 ―ロボットの"知"と"巧みさ"―	有本　卓著	200	2500円
7.	(18回)	モデリングと制御	平井慎一／坪内孝司／秋下貞夫 共著	214	2900円
8.	(14回)	ロボット機構学	永井　清／土橋宏規 共著	140	1900円
9.		ロボット制御システム	野田哲男編著		
10.	(15回)	ロボットと解析力学	有本　卓／田原健二 共著	204	2700円
11.	(1回)	オートメーション工学	渡部　透著	184	2300円
12.	(9回)	基礎福祉工学	手嶋教之／米本清／嶋本良訓／相川良朗／相澤二紀 共著	176	2300円
13.	(3回)	制御用アクチュエータの基礎	川村貞夫／野方誠／田所諭／早川恭弘／松浦裕 共著	144	1900円
15.	(7回)	マシンビジョン	石井明／斉藤文彦 共著	160	2000円
16.	(10回)	感覚生理工学	飯田健夫著	158	2400円
17.	(8回)	運動のバイオメカニクス ―運動メカニズムのハードウェアとソフトウェア―	牧川方昭／吉田正樹 共著	206	2700円
18.	(16回)	身体運動とロボティクス	川村貞夫編著	144	2200円

定価は本体価格+税です。
定価は変更されることがありますのでご了承下さい。

図書目録進呈◆

機械系 大学講義シリーズ

(各巻A5判，欠番は品切または未発行です)

■編集委員長　藤井澄二
■編集委員　臼井英治・大路清嗣・大橋秀雄・岡村弘之
　　　　　　黒崎晏夫・下郷太郎・田島清灝・得丸英勝

配本順			頁	本体
1. (21回)	材　料　力　学	西谷弘信著	190	2300円
3. (3回)	弾　　性　　学	阿部・関根共著	174	2300円
5. (27回)	材　料　強　度	大路・中井共著	222	2800円
6. (6回)	機　械　材　料　学	須藤　一著	198	2500円
9. (17回)	コンピュータ機械工学	矢川・金山共著	170	2000円
10. (5回)	機　械　力　学	三輪・坂田共著	210	2300円
11. (24回)	振　　動　　学	下郷・田島共著	204	2500円
12. (26回)	改訂 機　構　学	安田仁彦著	244	2800円
13. (18回)	流体力学の基礎（1）	中林・伊藤・鬼頭共著	186	2200円
14. (19回)	流体力学の基礎（2）	中林・伊藤・鬼頭共著	196	2300円
15. (16回)	流体機械の基礎	井上・鎌田共著	232	2500円
17. (13回)	工業熱力学（1）	伊藤・山下共著	240	2700円
18. (20回)	工業熱力学（2）	伊藤猛宏著	302	3300円
20. (28回)	伝　熱　工　学	黒崎・佐藤共著	218	3000円
21. (14回)	蒸　気　原　動　機	谷口・工藤共著	228	2700円
23. (23回)	改訂 内　燃　機　関	廣安・寳諸・大山共著	240	3000円
24. (11回)	溶　融　加　工　学	大・中・荒木共著	268	3000円
25. (29回)	新版 工作機械工学	伊東・森脇共著	254	2900円
27. (4回)	機　械　加　工　学	中島・鳴瀧共著	242	2800円
28. (12回)	生　産　工　学	岩田・中沢共著	210	2500円
29. (10回)	制　御　工　学	須田信英著	268	2800円
30.	計　測　工　学	山本・宮城・臼田・高辻・榊原 共著		
31. (22回)	システム工学	足立・酒井・髙橋・飯國 共著	224	2700円

定価は本体価格＋税です。
定価は変更されることがありますのでご了承下さい。

図書目録進呈◆

機械系教科書シリーズ

(各巻A5判，欠番は品切です)

■編集委員長　木本恭司
■幹　　　事　平井三友
■編集委員　青木　繁・阪部俊也・丸茂榮佑

	配本順			頁	本体
1.	(12回)	機 械 工 学 概 論	木本恭司 編著	236	2800円
2.	(1回)	機械系の電気工学	深野あづさ 著	188	2400円
3.	(20回)	機 械 工 作 法（増補）	平井三友・和田任弘・塚本晃久・田中義久・三友奎孝・任純正 共著	208	2500円
4.	(3回)	機 械 設 計 法	朝比奈一春・岩田誠二・黒田孝志・山口誠己 共著	264	3400円
5.	(4回)	シ ス テ ム 工 学	古荒川井村・吉浜克洋 共著	216	2700円
6.	(5回)	材　　料　　学	久保井原・樫徳恵蔵 共著	218	2600円
7.	(6回)	問題解決のための Cプログラミング	佐中・藤村次理男郎 共著	218	2600円
8.	(32回)	計 測 工 学（改訂版）―新SI対応―	前押田村田良一至 昭郎啓 共著	220	2700円
9.	(8回)	機械系の工業英語	牧生野水州秀之雄也 共著	210	2500円
10.	(10回)	機械系の電子回路	高阪橋部晴俊佑也司 共著	184	2300円
11.	(9回)	工 業 熱 力 学	丸木茂本榮恭司 共著	254	3000円
12.	(11回)	数 値 計 算 法	藪伊藤田本民恭司友男紀雄彦 共著	170	2200円
13.	(13回)	熱エネルギー・環境保全の工学	井木山和崎本民恭友光雅 共著	240	2900円
15.	(15回)	流 体 の 力 学	坂坂田本紘剛靖夫誠 共著	208	2500円
16.	(16回)	精 密 加 工 学	田明口石村山 共著	200	2400円
17.	(30回)	工 業 力 学（改訂版）	吉米内 共著	240	2800円
18.	(31回)	機 械 力 学（増補）	青木　繁 著	204	2400円
19.	(29回)	材 料 力 学（改訂版）	中島正貴 著	216	2700円
20.	(21回)	熱 機 関 工 学	越老智固敏明光潔隆一也 共著	206	2600円
21.	(22回)	自 動 制 御	阪飯部田川俊賢弘一彦 共著	176	2300円
22.	(23回)	ロ ボ ッ ト 工 学	早櫟野松恭明洋一矢順彦男 共著	208	2600円
23.	(24回)	機 構 学	重大髙敏男 共著	202	2600円
24.	(25回)	流 体 機 械 工 学	小池勝 著	172	2300円
25.	(26回)	伝 熱 工 学	丸矢牧茂尾匡榮永秀野州佑 共著	232	3000円
26.	(27回)	材 料 強 度 学	境田彰芳 編著	200	2600円
27.	(28回)	生 産 工 学 ―ものづくりマネジメント工学―	本位皆田川光健多郎重郎 共著	176	2300円
28.	(33回)	Ｃ Ａ Ｄ／Ｃ Ａ Ｍ	望月達也 著	224	2900円

定価は本体価格+税です。
定価は変更されることがありますのでご了承下さい。

図書目録進呈◆